AI
인공지능
개발방법론

송주영 · 송태민

ARTIFICIAL INTELLIGENCE
DEVELOPMENT METHODOLOGY

인공지능 개발방법론

2024년 4월 8일 1판 1쇄 박음
2024년 4월 15일 1판 1쇄 펴냄

지은이 | 송주영·송태민
펴낸이 | 한기철·조광재

펴낸곳 | (주)한나래플러스
등록 | 1991. 2. 25. 제2011-000139호
주소 | 서울시 마포구 토정로 222, 한국출판콘텐츠센터 418호
전화 | 02) 738-5637·팩스 | 02) 363-5637·e-mail | hannarae91@naver.com
www.hannarae.net

ISBN 978-89-5566-311-2 93310

* 이 저서는 2020년 대한민국 교육부와 한국연구재단의 지원(NRF-2020S1A5A2A03045529)을 받아 수행된
  연구입니다.

미국 OpenAI에서 2022년 12월 공개한 생성형 인공지능 챗봇인 ChatGPT의 열풍이 전 세계를 강타하고 있다. 인공지능(AI, Artificial Intelligence)은 다양한 데이터를 학습하여 인간의 학습능력과 추론능력, 지각능력, 자연언어의 이해능력 등을 컴퓨터 프로그램으로 실현한 기술이다. 따라서 적합한 머신러닝 알고리즘으로 데이터를 학습하여야 좋은 결과를 예측하는 인공지능을 개발할 수 있다.

머신러닝을 활용하여 인공지능을 개발하기 위해서는 몇 가지 과정을 거쳐야 한다. 우선 머신러닝 알고리즘으로 인공지능 모형을 평가한 후, 선정된 최적 모형을 이용하여 출력변수를 예측해야 한다. 그런 다음 원데이터와 예측데이터의 출력변수를 활용하여 양질의 학습데이터를 생성하고, 마지막으로 양질의 학습데이터를 이용하여 인공지능을 개발해야 한다.

이 책은 머신러닝 학습데이터의 수집 및 분류부터 인공지능 개발까지, 인공지능 개발을 위한 전 과정을 소개한다. 이러한 점에서 다음과 같은 몇 가지 특징을 지닌다. 첫째, 이 책에 수록된 인공지능 개발 사례는 정형 데이터와 비정형 데이터를 대상으로 하였다. 둘째, 이 책의 인공지능 개발에 사용된 모든 프로그램은 오픈소스 프로그램인 R을 사용하였다. 셋째, 기본적인 통계지식이 없더라도 누구나 쉽게 따라할 수 있도록 개발 단계별로 본문을 구성하고 상세히 기술하였다.

이 책에 기술된 구체적인 내용들은 모두 저자들의 연구 결과이며 의견임을 밝힌다. 이 책의 구성과 주요 내용을 소개하면 다음과 같다.
1부에서는 인공지능 개발방법론에 대해 기술하였다. 1장에는 인공지능 개발 절차, 데이터의 수집과 분류, 미래신호 탐색을 기술하였다. 2장에는 인공지능 개발 프로그램인 R의 설치 및 활용 방법을 기술하였다. 3장에는 인공지능의 개념과 학습방법에 대해 기술하였다. 4장에는 머신러닝의 지도학습 알고리즘인 나이브 베이즈 분류모형, 로지스틱 회귀모형, 랜덤포레스트 모형, 의사결정나무 모형, 신경망 모형, 서포트벡터머신 모형으로 인공지능을 모델링하는 전 과정을 기술하였다. 5장에는 인공지능 모형 평가를 위한 오분류표와 ROC 곡선에 대해 기술하였다. 6장에는 1장~5장까지의 학습을 바탕으로 코로나19 정보확산 위험예측 인공지능을 개발하는 전 과정을 기술하였다. 2부에서는 정형 데이터와 비정형 데이터를 활용한 인공지능 개발의 과정을 기술하였다. 7장에는 정형 데이터를 활용하여 청소년 범죄지속 위험예측 인공지능 개발 과정을 기술하였다. 8장에는 비정형 데이터를 활용하여 마약 위험예측 인공지능 개발 과정을 기술하였다.

이 책을 저술하는 데 주변 분들의 많은 도움이 있었다. 먼저 본서의 출간을 가능하게 해주신 한나래아카데미 조광재 대표님과 편집부 직원들께 감사의 인사를 드린다. 그리고 집필 과정에서 참고한 서적과 논문의 저자들께도 머리 숙여 감사드린다. 끝으로 다양한 데이터를 활용해 인공지능을 개발하여 사회현상을 예측하고 창조적인 결과물을 이끌어내고자 노력하는 모든 분들에게 이 책이 실질적인 도움이 되기를 바란다.

2024년 3월

송주영 · 송태민

contents

ch 5 | 인공지능 모형 평가

ch 6 | 코로나19 정보확산 위험예측 인공지능 개발

part 2

**인공지능
개발 실전**

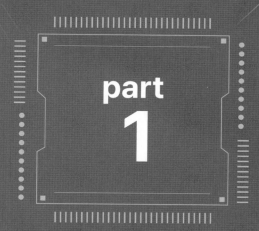

part
1

인공지능
개발방법론

인공지능 개발 방법

1 인공지능 개발 필요성

2016년 세계경제포럼(WEF, World Economic Forum)에서 핵심 주제로 선정된 4차 산업혁명의 돌풍은 우리 사회의 대변혁을 예측하고 있다. 4차 산업혁명은 인공지능과 사물인터넷 등에서 생산되는 빅데이터의 '자동화와 연결성'에 기반한 분석과 활용을 강조하는 것으로 무엇보다도 데이터의 처리와 분석 능력이 중요하다. 빅데이터(Big Data)란 디지털 환경에서 생성되는 데이터로 그 규모가 방대하고, 생성 주기가 짧으며, 형태에 있어 수치 데이터뿐 아니라 문자와 영상 데이터를 포함하는 대규모 데이터를 말한다.[1] 빅데이터는 데이터의 형식이 구조화되어 있는 정형 빅데이터(structured big data)와 구조화되어 있지 않은 비정형 빅데이터(unstructured big data)로 구분할 수 있다. 정형 빅데이터는 공공이나 민간에서 특정 목적을 위해 수집하는 정보로 주로 데이터베이스에 저장하여 관리한다. 비정형 빅데이터는 소셜미디어 등 온라인 채널을 통해 생산되는 텍스트 형태의 정보로, 정형 빅데이터와 같은 방식의 데이터 처리를 위해서는 우선적으로 수집기술이나 저장기술을 필요로 한다.

인공지능(AI, Artificial Intelligence)은 다양한 데이터를 학습하여 인간의 학습

---

1 https://terms.naver.com/entry.naver?docId=1691554&cid=42171&categoryId=42183, 2023. 12. 17. 인출.

능력과 추론능력, 지각능력, 자연언어의 이해능력 등을 컴퓨터 프로그램으로 실현한 기술이다.[2] 미국 Open AI에서 2022년 12월 1일 공개한 생성형 인공지능 챗봇(Chatter Robot)인 ChatGPT(Generative Pre-trained Transformer)[3]의 열풍은 전 세계를 강타하고 있다. ChatGPT는 인간과 비슷한 대화를 생성하기 위해 수백만 개의 웹페이지로 구성된 방대한 데이터베이스에서 사전에 훈련된 대량 생성 변환기를 사용한다. ChatGPT는 사람의 피드백을 활용한 강화학습(reinforcement learning)을 사용하여 인간과 자연스러운 대화를 나누고 질문에 대한 답변을 제공한다. ChatGPT의 성능은 ChatGPT가 학습한 매개변수(파라미터)의 개수가 중요하며 ChatGPT-3는 약 1,750억 개의 매개변수를 기반으로 개발되었다. 따라서 적합한 머신러닝 알고리즘으로 매개변수가 포함된 데이터를 학습하여야 좋은 결과를 예측하는 인공지능을 개발할 수 있다.

그동안 우리 주변의 사회현상을 예측하기 위해 모집단(해당 토픽에 대한 전체 데이터)을 대표할 수 있는 표본을 추출하여 표본에서 생산된 통계량(표본의 특성값)으로 모집단의 모수(전체 데이터의 특성값)를 추정해왔다. 모집단을 추정하기 위해 표본을 대상으로 예측하는 방법은 기존의 이론모형이나 연구자가 결정한 모형에 근거하여 예측하기 때문에 제한된 결과만 알 수 있고, 다양한 변인 간의 관계를 파악하는 데는 한계가 있다. 따라서 이러한 데이터를 머신러닝으로 학습하여 인공지능(모형)을 개발하는 방법이 다양한 변인들의 관계를 보다 정확히 파악하고 예측할 수 있다.

2 │ 인공지능 개발 절차

다양한 분야의 데이터를 활용하여 미래를 보다 정확히 예측하기 위한 인공지능을 개발하기 위해서는 개발 대상 주제의 메타변수(본서에서는 입력변수와 출력변수를 메타변수로 설명함)가 포함된 양질의 학습데이터를 확보해야 한다. 출력변수(입력변수에 영향을 받는 변수로 종속변수라고 하며, 인공지능에서는 Labels라고 말함)와 입력변수(출력변수

---

2 https://terms.naver.com/alikeMeaning.naver?query=00047011, 2023. 12. 17. 인출.

3 [그림 1-4] ChatGPT의 효율적 사용법 참조

에 영향을 주는 변수로 독립변수라고 하며, 인공지능에서는 Feature Vectors라고 말함)가 불확실한 데이터로 학습한 인공지능은 예측의 정확도가 낮아질 수 있기 때문에 머신러닝으로 인공지능을 개발하기 위해서는 다양한 분야에서 데이터의 잡음(noise)이 제거된 양질의 학습데이터가 생산되어야 한다.

소셜 빅데이터(사례: 소셜 빅데이터를 활용한 코로나19 정보확산 위험예측 인공지능 개발)의 분석 절차 및 방법은 다음과 같다[그림 1-1].

- 첫째, 코로나19 주제와 관련한 온라인 문서에 대해 수집대상과 수집범위를 설정한 후, 온라인 채널(트위터)에서 크롤러 등 수집 엔진(로봇)을 이용하여 코로나19와 관련된 연관키워드가 포함된 데이터(온라인 문서)를 수집한다.
- 둘째, 수집한 코로나19 원데이터(raw data)는 텍스트 형태의 비정형 데이터로 연구자가 원상태로 분석하기에는 어려움이 있다. 따라서 수집한 비정형 데이터를 텍스트마이닝, 오피니언마이닝을 통하여 분류하고 정제한다.
- 셋째, 비정형 빅데이터를 정형 빅데이터로 변환한다. 코로나19 관련된 각각의 온라인 문서는 ID로 코드화해야 하고 문서 내에서 언급되는 키워드(감염대상, 감염경로, 증상, 대처 등)는 발생빈도를 코드화해야 한다.
- 넷째, 정형화된 빅데이터는 단어빈도와 문서빈도를 이용하여 미래신호를 탐색하고, 탐색된 신호들을 통해 새로운 현상을 발견할 수 있는 인공지능 개발과 연관분석 등을 실시한다.

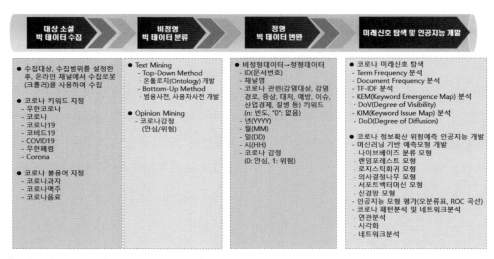

[그림 1-1] 소셜 빅데이터 분석 절차 및 방법 (사례: 소셜 빅데이터를 활용한 코로나19 정보확산 위험예측 인공지능 개발)

머신러닝을 활용한 인공지능 개발 절차는 [그림 1-2]와 같다.

- 첫째, 지도학습 알고리즘을 이용하여 학습데이터(learning data)를 훈련데이터(training data)와 시험데이터(test data)로 분할하여 학습하고 모형 평가를 한 후 최적 모형을 선정한다.
- 둘째, 선정된 최적 모형을 이용해 원데이터의 입력변수만으로 출력변수를 예측한다.
- 셋째, 원데이터의 출력변수와 예측데이터의 출력변수를 활용하여 모형 평가에서 산출된 정확도, 민감도, 특이도를 평가하여 양질의 학습데이터를 생성한다.[4]
- 넷째, 양질의 학습데이터를 이용해 최적 모형으로 인공지능을 개발한다.

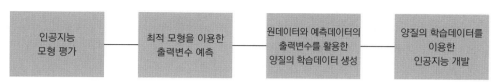

[그림 1-2] 인공지능 개발 절차

[그림 1-2]의 인공지능 모형 평가 및 학습 과정은 다음 [그림 1-3]과 같다.

- 첫째, 대상 빅데이터(learning data)를 훈련데이터(training data)와 시험데이터(test data)로 분할한 후, 훈련데이터로 인공지능(머신러닝)의 알고리즘을 적용하여 인공지능(분류기, 모형함수)을 개발한다.
- 둘째, 개발된 인공지능을 시험데이터로 실행한 후, 시험데이터의 출력변수와 예측데이터의 출력변수로 정확도 등을 평가한다.
- 셋째, 평가결과가 가장 우수한 모형(인공지능)을 선택한 후, 출력변수(Labels)가 없는 신규데이터(new data)를 입력받아 신규데이터의 출력변수를 예측한다.

---

4 인공지능 모형 평가를 통한 양질의 학습데이터 생성과정은 '5장 인공지능 모형 평가'에서 설명한다.

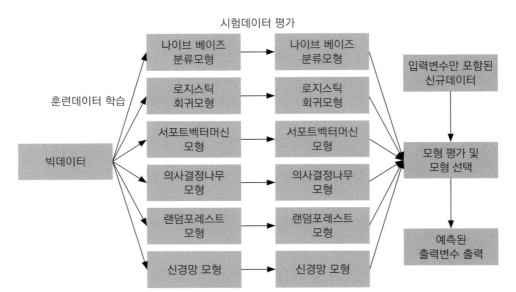

[그림 1-3] 빅데이터를 이용한 인공지능 모형 평가 및 학습과정

한편, ChatGPT에 질문할 때 ChatGPT가 학습한 메타변수를 포함하여 질문하면 보다 좋은 결과를 이끌어낼 수 있다. 즉, 인공지능이 잘 인식할 수 있도록 ChatGPT가 학습한 메타변수를 포함하여 질문 내용을 정확히(상세히) 작성해야 한다. 예를 들면 [그림 1-4]와 같이 '한국의 경제상황은 어떻습니까?'라는 막연한 질문보다는 '현재 한국의 정치, GDP, 물가지수, 부동산, 노동개혁 등을 참조하여 한국의 향후 경제상황은 어떻습니까?'라고 질문하면 좀 더 좋은 답변을 이끌어낼 수 있다.

> **TM** 한국의 향후 경제상황은 어떻습니까?
>
> 경제 예측은 매우 복잡하고 예측 가능성이 낮기 때문에 정확한 답변을 제공하기 어렵습니다. 그러나 현재로서는 여전히 COVID-19 팬데믹의 영향이 크게 작용하고 있으며, 글로벌 경제 불황의 영향도 여전히 이어지고 있습니다.
>
> 한국 경제는 COVID-19 대응 조치가 비교적 잘 이루어져 있어 경제적으로 상대적으로 안정적인 상황이지만, 여전히 일자리 감소, 소비 부진 등의 문제가 있습니다. 또한, 중국과 미국을 비롯한 세계 경제의 불황이 계속될 경우, 한국 경제도 그에 영향을 받을 가능성이 있습니다.
>
> 하지만 한국은 세계에서 가장 혁신적이고 경쟁력 있는 기업들을 보유하고 있으며, 첨단 산업 분야에서 선도적인 입지를 갖고 있습니다. 따라서 기술 혁신과 그에 따른 경제 발전을 이어갈 수 있다면, 경제 성장 가능성이 여전히 높을 것으로 예상됩니다.

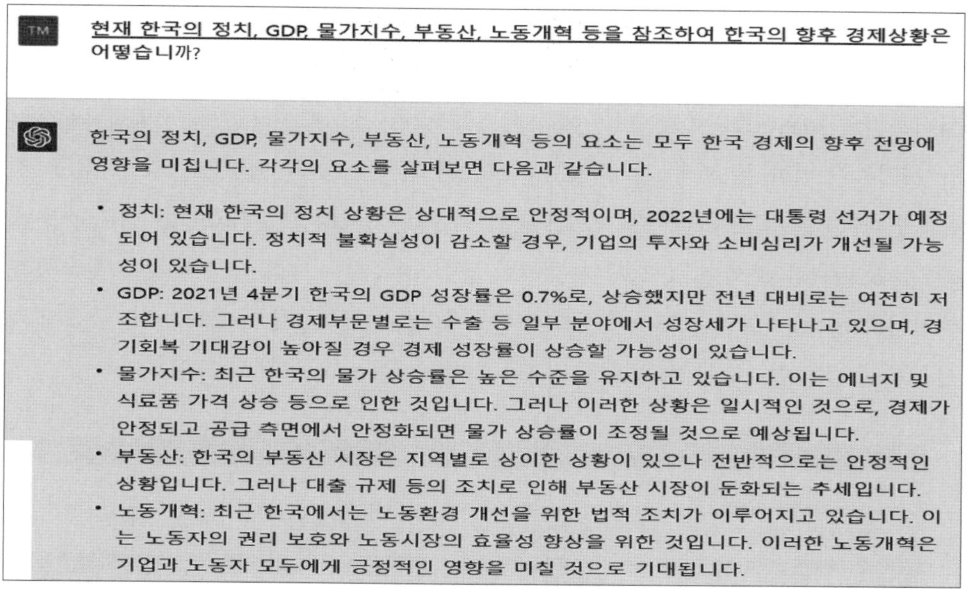
TM 현재 한국의 정치, GDP, 물가지수, 부동산, 노동개혁 등을 참조하여 한국의 향후 경제상황은 어떻습니까?

한국의 정치, GDP, 물가지수, 부동산, 노동개혁 등의 요소는 모두 한국 경제의 향후 전망에 영향을 미칩니다. 각각의 요소를 살펴보면 다음과 같습니다.

- 정치: 현재 한국의 정치 상황은 상대적으로 안정적이며, 2022년에는 대통령 선거가 예정되어 있습니다. 정치적 불확실성이 감소할 경우, 기업의 투자와 소비심리가 개선될 가능성이 있습니다.
- GDP: 2021년 4분기 한국의 GDP 성장률은 0.7%로, 상승했지만 전년 대비로는 여전히 저조합니다. 그러나 경제부문별로는 수출 등 일부 분야에서 성장세가 나타나고 있으며, 경기회복 기대감이 높아질 경우 경제 성장률이 상승할 가능성이 있습니다.
- 물가지수: 최근 한국의 물가 상승률은 높은 수준을 유지하고 있습니다. 이는 에너지 및 식료품 가격 상승 등으로 인한 것입니다. 그러나 이러한 상황은 일시적인 것으로, 경제가 안정되고 공급 측면에서 안정화되면 물가 상승률이 조정될 것으로 예상됩니다.
- 부동산: 한국의 부동산 시장은 지역별로 상이한 상황이 있으나 전반적으로는 안정적인 상황입니다. 그러나 대출 규제 등의 조치로 인해 부동산 시장이 둔화되는 추세입니다.
- 노동개혁: 최근 한국에서는 노동환경 개선을 위한 법적 조치가 이루어지고 있습니다. 이는 노동자의 권리 보호와 노동시장의 효율성 향상을 위한 것입니다. 이러한 노동개혁은 기업과 노동자 모두에게 긍정적인 영향을 미칠 것으로 기대됩니다.

[그림 1-4] ChatGPT의 효율적 사용법

3 인공지능 개발을 위한 데이터 수집 및 분류[5]

3-1 데이터 수집

이 책에서는 코로나19 정보확산 위험예측 인공지능을 개발하기 위한 학습데이터로 SNS(트위터)에서 생성되는 온라인 문서(비정형 빅데이터)를 대상으로 하였다. 해당 기간 내 트윗의 수집은 트위터 API를 이용하여 트윗 게재일이 365일 이전인 경우 휴면 유저로 판단해 수집 대상 풀을 확정하였다. 트위터 풀에 있는 유저 정보를 토대로 크롤러(crawler)를 통해 해당 유저의 타임라인에 접근하여 정해진 기간(2020.2.1~2020.5.31)과 수집 토픽(코로나19 토픽 및 토픽 유사어)에 대해 리트윗은 제외

5 본 연구 데이터는 한국데이터산업진흥원의 데이터바우처 지원사업에서 지원받았다(2-1040781-A-N-012020056HR).

하고 트윗 원문만 탐색하여 데이터(174만 6,347건)를 수집하였다. 코로나19 토픽은 관련 문서의 수집을 위해 '우한코로나, 코로나, 코비드19, COVID19, Corona, 코로나바이러스감염증19, SARSCoV2' 용어를 사용하였다. 그리고 온라인 문서의 잡음(noise)을 제거하기 위한 불용어(stop word)는 '코로나 과자, 코로나 맥주, 코로나 음료'를 사용하였다. 수집된 트윗(비정형 텍스트 문서)의 자연어처리를 위해 head-tail 구분법, 좌–우 & 우–좌 분석법, 음절단위 분석법 등을 이용하여 형태소 분석을 수행하였다. 데이터의 정제는 수집된 문서의 형태소 분석을 통해 키워드를 추출하였고, 광고성 게시글의 문서는 필터링하여 문서에서 제외하였다[그림 1-5, 그림 1-6].

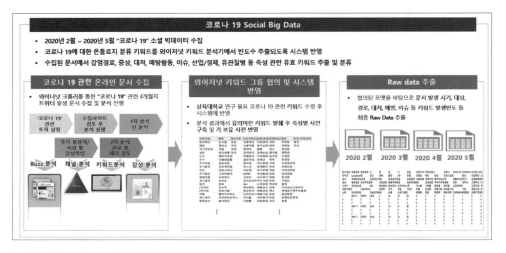

[그림 1-5] 코로나19 소셜 빅데이터 수집 및 분류

문서번호	채널유형	채널세부	년	월	일	시	요일	코로나19	우한코로나	코로나	코비드19	COVID19	COVID-19	Corona	코로나바이러스감염증-19	SARS-CoV-2
1	080111	트위터	2020	6	30	23	화	0	0	0	0	0	1	0	0	0
2	080111	트위터	2020	6	30	21	화	0	0	0	0	0	1	0	0	0
3	080111	트위터	2020	6	30	23	화	0	0	0	0	0	0	0	0	0
4	080111	트위터	2020	6	30	20	화	0	0	0	0	0	0	0	0	0
5	080111	트위터	2020	6	30	23	화	0	0	0	0	0	0	0	0	0
6	080111	트위터	2020	6	30	20	화	0	0	0	0	0	0	0	0	0
7	080111	트위터	2020	6	30	21	화	0	0	0	0	0	0	0	0	0
8	080111	트위터	2020	6	30	21	화	0	0	0	0	0	0	0	0	0

[그림 1-6] 코로나19 트위터 문서 형태소 분석 자료

3-2 데이터 분류

데이터(코로나19 관련 온라인 문서)에서 의미 있는 키워드를 추출하기 위해서는 코로나19의 개념을 추출하고 해당 개념들 간의 관계를 나타내는 온톨로지(ontology)가 필요하다. 온톨로지는 관심 주제의 공유된 개념(shared concepts)을 형식화하고(formalizing) 표현하기 위한(representing) '컴퓨터가 해석 가능한 지식 모델(computer-interpretable knowledge model)'이다(Kim et al., 2013). 따라서 분류체계인 온톨로지가 있어야만 거대한 비정형 텍스트 문서를 분류하여 처리하고, 기존 연구 방법들을 통해 다양한 분석을 시도할 수 있다. 즉, 온톨로지는 메타변수(출력변수와 입력변수)를 과학적으로 분류한 분류체계라고 할 수 있다.

이 책에서 코로나19 분석을 위하여 수집된 트위터 문서는 자연어처리 과정을 거쳐 형태소 분석을 통하여 키워드를 발췌하고 다음과 같이 주제분석과 감성분석을 실시하였다.

1) 코로나19 소셜 빅데이터 주제분석

이 책에서는 [표 1-1]과 같이 코로나19의 4개의 도메인(증상, 대처, 예방, 이슈)에 대해 주제분석(text mining)을 통하여 입력변수(feature vectors)를 구성하였다. 증상 도메인은 확진자, 양성, 음성, 의심증상, 발열, 불면, 호흡곤란, 감기, 인후염, 소화기증상, 근육통, 우울, 무증상, 사망의 14개 요인에 대해 해당 요인이 있을 경우 'N(빈도)', 없는 경우 '0'으로 코드화하였다. 대처 도메인은 검사, 치료, 격리, 진단키트, 정부대응, 휴교, 사회적거리두기, K방역, 돌봄의 9개 요인에 대해 해당 요인이 있을 경우 'N', 없는 경우 '0'으로 코드화하였다. 예방 도메인은 면역식품, 예방수칙, 야외활동, 손씻기, 소독, 마스크의 6개 요인에 대해 해당 요인이 있을 경우 'N', 없는 경우 '0'으로 코드화하였다. 이슈 도메인은 입국금지 1개의 요인에 대해 해당 요인이 있을 경우 'N', 없는 경우 '0'으로 코드화하였다.

[표 1-1] 코로나19 입력변수 온톨로지 분류체계

도메인	요인		관련 키워드
	국문	영문	
증상	확진자	Symptomaticpatient	능동감시대상자, 최초확진자, 슈퍼보균자, 확진자, 유증상자
	양성	Positivejudgment	양성, 코로나감염
	음성	Negativejudgment	음성
	의심증상	Suspicious	의심증상, 의심증세
	발열	Fever	두통, 발열
	불면	Insomnia	불면
	호흡곤란	Respiratory	호흡곤란, 호흡기, 호흡기이상
	감기	Cold	감기, 기침
	인후염	Sorethroat	인후염, 인후통, 가래
	소화기증상	Digestive	소화기증상, 메스꺼움, 구토, 설사, 식욕부진, 위장장애, 복통, 구역질, 소화불량
	근육통	Musclepain	근육통
	우울	Depression	우울증, 스트레스, 무기력, 권태감, 마음건강, 스트레스관리, 심리방역, 마음건강관리
	무증상	Asymptomatic	무증상
	사망	Dying	돌연사, 사망
대처	검사	Inspection	항체검사, 혈액검사, 격리검사, 발열검사, 유전자검사, 초기적극검사
	치료	Treatment	치료, 집중치료, 인공호흡기, 에크모, 산소공급
	격리	Isolation	자가격리, 격리대상, 격리조치, 격리종료
	진단키트	Diagnosiskit	진단키트
	정부대응	Governmentresponse	국가방역망, 특별검역, 검역절차, 국가지정입원치료, 방역체계, 역학조사, 종합대응방안, 공공보건의료, 감염병예방법
	휴교	Schoolclosed	휴교
	사회적거리두기	Socialdistancing	사회적거리두기, 생활속거리두기
	K방역	Kquarantine	3T, 추적, K방역, Trace, Test, Treat
	돌봄	Visitingcare	돌봄, 방문요양

도메인	요인		관련 키워드
	국문	영문	
예방	면역식품	Immunityfood	항산화물질, 프로바이오틱스, 홍이장군, 뿌리삼, 클로렐라, 건강기능식품, 홍삼, 비타민, 칼슘, 면역력강화, 오메가3
	예방수칙	HealthCare	감염예방, 감염예방수칙, 예방수칙
	야외활동	Outing	쇼핑, 야외활동, 소풍, 나들이
	손씻기	Handcleaner	비누, 손세정제, 손씻기, 청결, 핸드워시
	소독	Disinfectant	소독제, 알코올, 에탄올, 소독, 살균
	마스크	Mask	KF94, KF80, 공적마스크, 마스크, 덴탈마스크, 천마스크, 일회용마스크, 면마스크, 비말차단마스크
이슈	입국금지	Noentry	여행금지, 입국금지
	가짜뉴스*	Infodemic	인포데믹, 루머, 괴담, 가짜뉴스

* 가짜뉴스는 본 장 5절의 미래신호 탐색의 주요 요인으로 사용되었다.

2) 코로나19 소셜 빅데이터 감성분석

코로나19의 정보확산 위험을 탐색하고 예측하기 위해서는 온라인 문서에 표현된 코로나19의 관련 요인에 대한 감성분석(opinion mining)을 실시하여 출력변수(Labels)인 감정[위험(Risk), 안심(Non Risk)]을 측정하여야 한다. 본 연구의 코로나19 온라인 문서에 대한 위험과 안심에 대한 감정 측정은 군산대학교 소프트웨어융합공학과 Data Intelligence Lab[6]에서 개발한 KNU[7]의 한국어 감성사전(Emoticon/Opinion Lexicon)을 참조하여 사용하였다.

본 연구의 출력변수는 온라인 문서에 '갈등, 갑갑, 경악, 고생, 공포, 저조, 잔혹, 재앙, 파탄나다, 확진자증가 등'의 단어가 포함되어 있으면 위험감정으로 출현빈도를 측정하였고, '가능성, 공감, 긍정적, 기대, 만족, 백신개발, 성공, 완치, 치유, 평화, 회복,

---

6 http://dilab.kunsan.ac.kr/

7 http://dilab.kunsan.ac.kr/knu/knu.html

힐링 등'의 단어가 포함되어 있으면 안심감정으로 출현빈도를 측정하였다.

3-3 연구윤리

인공지능 개발을 위한 학습데이터의 수집 시 연구에 참여하는 대상자의 권리·안전·복지를 위해 연구윤리심의(IRB, Institutional Review Board)가 요구되는 경우가 있다. 본 연구(소셜 빅데이터를 활용한 코로나19 정보확산 위험예측 인공지능 개발)의 경우에는 윤리적 고려를 위해 삼육대학교 생명윤리위원회로부터 연구윤리심의를 받아 승인(2-1040781-A-N-012020056HR)을 얻은 후 연구를 진행하였다. 본 연구대상 자료는 개인정보를 인식할 수 없는 데이터로 대상자의 익명성과 기밀성이 보장되도록 하였다.

４ 인공지능 학습데이터 생성

소셜 빅데이터를 활용하여 인공지능 학습데이터를 생성하기 위해서는 우선적으로 인공지능 개발 목적에 따른 출력변수(종속변수)와 입력변수(독립변수)를 선정하여야 한다. 예를 들어, 인공지능 개발 목적이 '소셜 빅데이터를 활용한 코로나19 정보확산 위험예측 인공지능 개발'이라면 출력변수와 입력변수는 다음과 같은 절차로 선정할 수 있다.

- 첫째, 출력변수를 선정한다. 코로나19의 온라인 문서에 표현된 코로나19 관련 요인에 대한 감성분석을 실시하여 측정된 감정[위험(Risk), 안심(Non Risk)]을 출력변수로 선정한다[표 1-2].
- 둘째, 입력변수를 선정하기 위한 이론적 배경을 정리한다. 입력변수는 출력변수에 영향을 주는 변수로 인공지능 개발 목적에서 '코로나19 정보확산 위험에 영향을 미치는 요인'이 입력변수가 된다. 따라서 입력변수를 선정하기 위해서는 코로나19 정보확산 위험에 영향을 미치는 요인에 대한 이론적 배경을 정리하여야 한다. 본 연구

의 이론적 배경[8]은 다음과 같다.

신종 코로나 바이러스 질환(코로나19)으로 인한 호흡기 질환의 발생은 2020년 1월부터 전 세계적으로 바이러스가 출현하여 빠르게 확산된 후 세계적 이슈가 되었다(Liu, 2020). 중국 우한에서 2019년 12월에 코로나 바이러스 감염 후(Guan et al., 2020; Chen et al., 2020) 한국에서는 2020년 1월 20일 첫 확진 환자가 발생하였고, 확진자들의 이동 경로에 따른 바이러스 노출이 집단 감염의 계기가 되었다.

WHO는 코로나19 바이러스에 감염된 대부분 사람은 경증에서 중등도의 호흡기 질환을 경험할 수 있으며, 고령자와 심혈관 질환, 당뇨병 등의 만성 호흡기 질환이 있는 사람들은 심각한 질병에 걸릴 가능성이 더 큰 것으로 보고하고 있다(WHO, 2020). 코로나19의 공통적인 증상으로는 열, 마른기침, 피로감이 있으며, 몸살, 인후통, 설사, 결막염, 두통, 미각 또는 후각 상실, 피부 발진, 손가락 또는 발가락 변색, 근육통 등의 증상이 드물게 나타날 수 있으며, 심각한 증상으로는 호흡곤란, 가슴통증 및 압박감, 언어 또는 운동 장애 등이 나타날 수 있다(Chen et al., 2020; WHO, 2020; Pan et al., 2020; Carfi et al., 2020; Tian et al., 2020). 코로나19 환자의 주요 동반질환으로는 고혈압, 당뇨, 숨가쁨, 구토 등이 나타났다(Ji et al., 2020; Christensen et al., 2020; Guan et al., 2020).

코로나19가 전 세계적으로 확산함에 따라 질병 확산, 사망률 및 회복에 대한 역학 모형을 이해하는 것이 중요하다(Salathé et al., 2020; Abou-Ismail, 2020). 코로나19 확산으로 전 세계적으로 24시간 내내 감염된 환자를 치료하고, 사회적 거리두기에 대한 교육을 실시하고 있다. 또한 잠재적인 치료 및 백신을 테스트하기 위한 노력을 기울이고, 전염병 확산을 줄이려는 시도를 각 정부에서 지속하고 있다. 정부와 조직은 사회를 점진적으로 안전하게 개방해야 한다는 경제적, 사회적 압력에 직면해 있지만 이를 수행하는 방법에 대한 과학적 증거가 부족한 실정이다(Per Block, 2020).

한국의 경우 2015년 중동 호흡기 증후군 코로나 바이러스(MERS-CoV, Middle East Respiratory Syndrome Coronavirus)를 경험했기 때문에 2015년부터 질병관리본

---

[8] 본 이론적 배경의 일부 내용은 'Song JY, Jin DL, Song TM, & Lee SH. (2023). Exploring Future Signals of COVID-19 and Response to Information Diffusion Using Social Media Big Data. *Int. J. Environ. Res. Public Health*, 20, 5753. https://doi.org/10.3390/ijerph20095753'에 게재된 것임을 밝힌다.

부(KCDC)와 국내 많은 병원이 전염병 발병에 대비를 해왔다. 2020년 2월 대구와 경상북도에서 폭발적인 집단감염이 일어났을 때 집단검진을 통해 증상이 경미하거나 무증상인 환자를 찾아내 코로나19 확산을 방지하였으며, 드라이브스루 검사 센터를 설계·구현하여 코로나 확산을 막고 극복하는 데 기여하였다(Choi, 2020). 그리고 코로나 바이러스에 대한 기본적인 보호조치 중 하나로 사회적 거리두기를 채택하여 이 기간에 감염 확산을 방지하였다(Choi, 2020; KCDC, 2020). 사회적 거리두기는 비약물적 개입(NPIs, Nonpharmaceutical interventions)으로 호흡기 바이러스의 확산을 완화하기 위한 조치이다(Noh et al., 2020; Newbold et al., 2020; Siedner et al., 2020).

코로나19 전염병의 확산이 이어지면서 소셜미디어에서는 올바른 정보와 함께 무분별한 거짓 정보도 확산되었다. 잘못된 정보 확산은 건강한 행동을 가리고 바이러스 확산을 증가시켜 개인 사이에 열악한 신체적, 정신적 건강(스트레스, 우울 등)을 초래하는 등 잘못된 결과를 불러올 수 있다(Tasnim et al., 2020).

질병의 진행을 억제하거나 늦추기 위해서는 정확한 예측이 중요하다(Zeroual et al., 2020). 질병 발생을 조기에 예측하고 질병을 모니터링하기 위해 소셜미디어 정보를 활용하는 건강 정보학 분야의 감시 시스템이 개발되었고, 소셜미디어 데이터, 특히 Twitter 데이터의 가용성으로 인해 잠재적인 발병에 대한 후속조치 및 즉각적인 분석을 실시하고 피드백을 제공하는 실시간 감시가 가능하게 되었다(Tuli et al., 2020).

송주영 등(Song et al., 2017)의 'MERS(Middle East Respiratory Syndrome) 정보 확산 위험' 연구에서는 트위터를 통해서 부정적 정보가 많이 확산되고, 뉴스 채널을 통해서 긍정적 정보가 많이 확산되고 있는 것으로 나타났다. 온라인상에서 코로나19에 대한 잘못된 정보와 허위기사 및 거짓정보는 공중보건 지침 및 예방을 어렵게 만들 수 있다. 이는 코로나19와 같은 전염병이 퍼지면서 사람들이 정보에 굶주리게 되고, 혼란스러운 정보를 쉽게 믿고 이를 확산시킬 수 있기 때문이다(The Harvard Gazette, 2020).

- 셋째, 이론적 배경을 분석하여 입력변수를 선정한다. 본 연구에서 코로나19 온라인 문서의 주제분석을 통해 분류된 30개의 요인[확진자(Symptomaticpatient), 양성(Positivejudgment), 음성(Negativejudgment), 의심증상(Suspicious), 발열(Fever), 불면(Insomnia), 호흡곤란(Respiratory), 감기(Cold), 인후염(Sorethroat), 소화기증

상(Digestive), 근육통(Musclepain), 우울(Depression), 무증상(Asymptomatic), 사망(Dying), 검사(Inspection), 치료(Treatment), 격리(Isolation), 진단키트(Diagnosiskit), 정부대응(Governmentresponse), 휴교(Schoolclosed), 사회적거리두기(Socialdistancing), K방역(Kquarantine), 돌봄(Visitingcare), 면역식품(Immunityfood), 예방수칙(HealthCare), 야외활동(Outing), 손씻기(Handcleaner), 소독(Disinfectant), 마스크(Mask), 입국금지(Noentry)]을 입력변수로 선정하였다[표 1-2].

[표 1-2] 코로나19 출력변수와 입력변수의 구성

구분		변수	변수 설명 Syntax

출력변수 (Labels)		위험여부 (Risk_Sentiment)	compute Risk_Sentiment=9.
			if(위험 EQ 0 AND 안심 EQ 0) Risk_Sentiment=3.
			if(위험 LT 안심)Risk_Sentiment=0.
			if(위험 GT 안심)Risk_Sentiment=1.

			안심(Risk_Sentiment=0)
			위험(Risk_Sentiment=1)
입력 변수 (Feature Vectors)	증상	확진자 (Symptomaticpatient)	compute Symptomaticpatient=0. if(능동감시대상자 ge 1 or 최초확진자 ge 1 or 슈퍼보균자 ge 1 or 확진자 ge 1 or 유증상자 ge 1) Symptomaticpatient=1.
		양성 (Positivejudgment)	compute Positivejudgment=0. if(양성 ge 1 or 코로나감염 ge 1)Positivejudgment=1.
		음성 (Negativejudgment)	compute Negativejudgment=0. if(음성 ge 1)Negativejudgment=1.
		의심증상 (Suspicious)	compute Suspicious=0. if(의심증상 ge 1 or 의심증세 ge 1)Suspicious=1.
		발열 (Fever)	compute Fever=0. if(두통 ge 1 or 발열 ge 1)Fever=1.
		불면 (Insomnia)	compute Insomnia=0. if(불면 ge 1)Insomnia=1.
		호흡곤란 (Respiratory)	compute Respiratory=0. if(호흡곤란 ge 1 or 호흡기 ge 1 or 호흡기이상 ge 1) Respiratory=1.
		감기 (Cold)	compute Cold=0. if(감기 ge 1 or 기침 ge 1)Cold=1.
		인후염 (Sorethroat)	compute Sorethroat=0. if(인후염 ge 1 or 인후통 ge 1 or 가래 ge 1) Sorethroat=1.

구분		변수	변수 설명 Syntax
입력 변수 (Feature Vectors)	증상	소화기증상 (Digestive)	compute Digestive=0. if(소화기증상 ge 1 or 메스꺼움 ge 1 or 구토 ge 1 or 설사 ge 1 or 식욕부진 ge 1 or 위장장애 ge 1 or 복통 ge 1 or 구역질 ge 1 or 소화불량 ge 1)Digestive=1.
		근육통 (Musclepain)	compute Musclepain=0. if(근육통 ge 1)Musclepain=1.
		우울 (Depression)	compute Depression=0. if(우울증 ge 1 or 스트레스 ge 1 or 무기력 ge 1 or 권태감 ge 1 or 마음건강 ge 1 or 스트레스관리 ge 1 or 심리방역 ge 1 or 마음건강관리 ge 1)Depression=1.
		무증상 (Asymptomatic)	compute Asymptomatic=0. if(무증상 ge 1)Asymptomatic=1.
		사망 (Dying)	compute Dying=0. if(돌연사 ge 1 or 사망 ge 1)Dying=1.
	대처	검사 (Inspection)	compute Inspection=0. if(항체검사 ge 1 or 혈액검사 ge 1 or 격리검사 ge 1 or 발열검사 ge 1 or 유전자검사 ge 1 or PCR ge 1 or 초기적극검사 ge 1)Inspection=1.
		치료 (Treatment)	compute Treatment=0. if(치료 ge 1 or 집중치료 ge 1 or 인공호흡기 ge 1 or 에크모 ge 1 or 산소공급 ge 1)Treatment=1.
		격리 (Isolation)	compute Isolation=0. if(자가격리 ge 1 or 격리대상 ge 1 or 격리조치 ge 1 or 격리종료 ge 1)Isolation=1.
		진단키트 (Diagnosiskit)	compute Diagnosiskit=0. if(진단키트 ge 1)Diagnosiskit=1.
		정부대응 (Governmentresponse)	compute Governmentresponse=0. if(국가방역망 ge 1 or 특별검역 ge 1 or 검역절차 ge 1 or 국가지정입원치료 ge 1 or방역체계 ge 1 or 역학조사 ge 1 or 종합대응방안 ge 1 or 공공보건의료 ge 1 or 감염병예방법 ge 1)Governmentresponse=1.
		휴교 (Schoolclosed)	compute Schoolclosed=0. if(휴교 ge 1)Schoolclosed=1.
		사회적거리두기 (Socialdistancing)	compute Socialdistancing=0. if(사회적거리두기 ge 1 or 생활속거리두기 ge 1) Socialdistancing=1.
		K방역 (Kquarantine)	compute Kquarantine=0. if(3T ge 1 or 추적 ge 1 or K방역 ge 1 or Trace ge 1 or Test ge 1 or Treat ge 1)Kquarantine=1.
		돌봄 (Visitingcare)	compute Visitingcare=0. if(돌봄 ge 1 or 방문요양 ge 1)Visitingcare=1.

구분		변수	변수 설명 Syntax
입력 변수 (Feature Vectors)	예방	면역식품 (Immunityfood)	compute Immunityfood=0. if(항산화물질 ge 1 or 프로바이오틱스 ge 1 or 홍이장군 ge 1 or 뿌리삼 ge 1 or 클로렐라 ge 1 or 건강기능식품 ge 1 or 홍삼 ge 1 or 비타민 ge 1 or 칼슘 ge 1 or 면역력강화 ge 1 or 오메가3 ge 1) Immunityfood=1.
		예방수칙 (HealthCare)	compute HealthCare=0. if(감염예방 ge 1 or 감염예방수칙 ge 1 or 예방수칙 ge 1)HealthCare=1.
		야외활동 (Outing)	compute Outing=0. if(쇼핑 ge 1 or 야외활동 ge 1 or 소풍 ge 1 or 나들이 ge 1)Outing=1.
		손씻기 (Handcleaner)	compute Handcleaner=0. if(비누 ge 1 or 손세정제 ge 1 or 손씻기 ge 1 or 청결 ge 1 or 핸드워시 ge 1)Handcleaner=1.
		소독 (Disinfectant)	compute Disinfectant=0. if(소독제 ge 1 or 알코올 ge 1 or 에탄올 ge 1 or 소독 ge 1 or 살균 ge 1)Disinfectant=1.
		마스크 (Mask)	compute Mask=0. if(KF94 ge 1 or KF80 ge 1 or 공적마스크 ge 1 or 마스크 ge 1 or 덴탈마스크 ge 1 or 천마스크 ge 1 or 일회용마스크 ge 1 or 면마스크 ge 1 or 비말차단마스크 ge 1)Mask=1.
	이슈	입국금지 (Noentry)	compute Noentry=0. if(여행금지 ge 1 or 입국금지 ge 1)Noentry=1.
		가짜뉴스 (Infodemic)	compute infodemic=0. if(인포데믹 ge 1 or 루머 ge 1 or 괴담 ge 1 or 가짜뉴스 ge 1)infodemic=1.

이 책에서는 코로나19 트위터 문서의 형태소 분석 자료인 [그림 1–6]을 이용하여 2종의 인공지능 학습데이터를 구성하였다. 학습데이터의 구성은 수집된 174만 6,347건의 문서 중 [표 1–2]의 출력변수와 입력변수가 포함된 28만 3,507건의 문서를 대상으로 하였다.

인공지능을 개발하기 위한 학습데이터는 2가지 형태로 구성하여야 한다.

• 첫째, 인공지능의 모형을 평가하기 위해 [그림1-7]과 같이 출력변수의 변수값의 이름(value label)을 문자 형식(string)으로 지정하여야 한다.

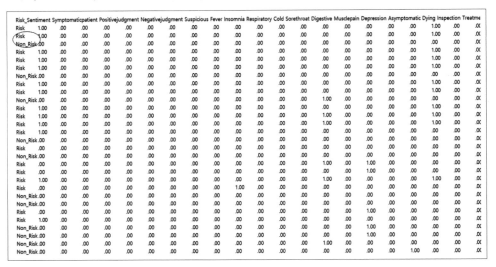

[그림 1-7] 인공지능 학습데이터 (변수값: 문자형)

• 둘째, 인공지능의 예측모형을 개발하기 위해 [그림 1-8]과 같이 출력변수의 변수값의 이름을 숫자 형식(numeric)으로 지정하여야 한다.

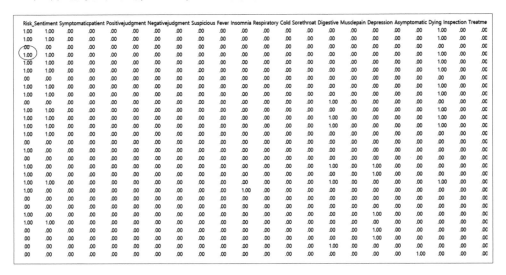

[그림 1-8] 인공지능 학습데이터 (변수값: 숫자형)

5 │ 미래신호 탐색[9]

5-1 미래신호 탐색 방법

오늘날 미래의 환경 변화를 감지하기 위한 다양한 연구가 시도되고 있으며, 여러 연구 중에서 가장 많은 주목을 받고 있는 것은 미래의 변화를 예감할 수 있는 약신호(weak signal)를 탐색하는 것이다(Yoon, 2012; 박찬국·김현제, 2015). 약신호는 '미래에 가능한 변화의 징후(Ansoff, 1975; Holopainen&Toivonen, 2012)'로 시간이 흐르면서 강신호(strong signal)로, 강신호는 다시 트렌드(trend)나 메가트렌드(mega trend)로 발전할 수 있다.

힐투넨(Hiltunen, 2008)은 미래신호를 현 상황에서는 보편적이지 않지만, 미래의 변화를 예측하는 데 핵심적으로 예상되는 주제라고 정의하였다. 미래신호는 신호(signal: 미래신호의 빈도 혹은 가시성), 이슈(issue: 미래신호의 확산성), 해석(interpretation: 미래신호에 대한 의미나 해석)과 같이 3차원의 미래신호 공간으로 설명할 수 있으며, 시간에 따라 약신호에서 강신호로 발전할 수 있다(Hiltunen, 2008; 송태민 외, 2023).

미래신호 탐색은 시간의 경과에 따른 단어빈도 및 문서빈도의 증가율 정보가 함축된 KEM(Keyword Emergence Map)과 KIM(Keyword Issue Map)의 포트폴리오를 이용하여 '강신호', '약신호', '잠재신호', '강하지만 증가율이 낮은 신호'를 도출하는 분석방법이다(Yoon, 2012; 송태민 외, 2023). KEM은 가시성을 보여주는 것으로, 전체 문서에서 해당 단어의 등장빈도에 가중치가 반영된 증가율을 나타내는 DoV(Degree of Visibility)로부터 도출한다(송태민·송주영, 2016). KIM은 확산 정도를 나타내는 것으로, 해당 단어가 등장한 문서의 빈도에 가중치가 반영된 증가율을 나타내는 DoD(Degree of Diffusion)로부터 도출할 수 있다(송태민·송주영, 2016).

다음 (식 1.1)과 (식 1.2)에서 NN_j는 전체 문서 수, TF_{ij}는 단어빈도, DF_{ij}는 문서빈

---

9 본 절의 일부 내용은 '송태민·송주영 (2017).《머신러닝을 활용한 소셜 빅데이터 분석과 미래신호 예측》. pp. 37-38' 부분에서 발췌한 것임을 밝힌다.

도, *tw*는 시간가중치, *n*은 전체 시간 구간, *i*는 단어, *j*는 시점을 나타낸다. 본 연구에서의 시간가중치는 윤장혁(Yoon, 2012)에 따라 0.05를 적용했다.

$$DoV_{ij} = (\frac{TF_{ij}}{NN_j}) \times \{1 - tw \times (n-j)\}$$　　　　　(식 1.1)

$$DoD_{ij} = (\frac{DF_{ij}}{NN_j}) \times \{1 - tw \times (n-j)\}$$　　　　　(식 1.2)

박찬국·김현제(2015)는 힐투넨(Hiltunen, 2008)과 윤장혁(Yoon, 2012)의 연구방법을 토대로 에너지 부문의 사물인터넷 소식에서 발견할 수 있는 미래신호를 [그림 1-9]와 같은 방식으로 도출하였다.

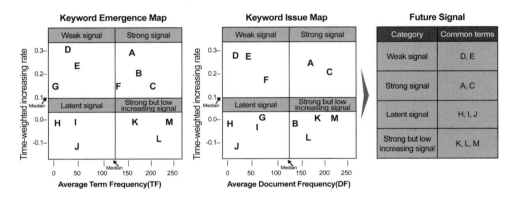

[그림 1-9] 미래신호 도출 과정

출처: 박찬국·김현제 (2015). "사물인터넷을 통한 에너지 신산업 발전방향 연구-텍스트마이닝을 이용한 미래신호 탐색." 에너지경제연구원.

온라인 채널에서 수집된 텍스트 형태의 문서를 분석하여 미래신호를 탐색하기 위해서는 먼저 텍스트마이닝을 통해 문서 내에서 출현하는 단어빈도(TF, Term Frequency)와 문서빈도(DF, Document Frequency)를 산출해야 한다. 단어빈도는 각 문서에서 단어별 출현빈도를 산출한 후, 문서별 출현빈도를 합산하여 산출할 수 있다. 문서빈도는 특정 단어가 출현하는 문서의 수를 나타낸다. 텍스트마이닝에서는 중요한 정보의 추출을 위해 TF-IDF(Term Frequency – Inverse Document Frequency)

방법을 사용하고 있다. TF-IDF는 여러 문서로 이루어진 문서군이 있을 때 어떤 단어가 특정 문서에 얼마나 중요한 것인지를 나타내는 통계적 수치이다(정근하, 2010). 스파크(Spärck, 1972)는 희귀한 단어일수록 더 높은 가중치를 부여하기 위해서 역문서빈도[Inverse Document Frequency, $IDF_j = \log_{10}(\frac{N}{DF_j})$]를 제안하였다. 따라서 단어빈도 분석에 희귀한 단어일수록 더 높은 가중치를 부여할 필요가 있다면, 단어빈도와 역문서빈도를 결합해 TF-IDF=$TF_{ij} \times IDF_j$를 산출하여 가중치(단어의 중요도 지수)를 적용한다.

5-2 코로나19 주요 요인의 단어빈도와 문서빈도 분석

본 코로나19 위험요인의 미래신호 탐색은 1장 2절에서 수집된 트윗 문서에서 22개 주요 요인(양성, 음성, 발열, 호흡곤란, 감기, 인후염, 소화기증상, 우울, 무증상, 검사, 치료, 격리, 진단키트, 정부대응, 휴교, 면역식품, 예방수칙, 손씻기, 소독, 마스크, 입국금지, 가짜뉴스)에 대해 실시하였다.

단어빈도, 문서빈도에서는 마스크, 정부대응, 치료, 예방수칙, 진단키트, 감기, 가짜뉴스 등이 우선인 것으로 나타났으나, 중요도 지수를 고려한 단어빈도(TF-IDF)에서는 예방수칙, 마스크, 정부대응, 진단키트, 치료, 소독, 감기 등이 우선인 것으로 나타났다[표 1-3]. 이를 통해 예방수칙과 마스크가 코로나19 위험예측에서 매우 중요한 위치를 차지하는 것을 알 수 있다. 그리고 키워드의 월별 순위의 변화는 [표 1-4]와 같이 마스크와 정부대응이 강조되고 있으며, 2020년 3월부터는 진단키트가 강조되고 있는 것으로 나타났다.

[표 1-3] 코로나19 주요 요인의 키워드 분석

순위	TF		DF		TF-IDF	
	요인	빈도	요인	빈도	요인	빈도
1	마스크	102790	마스크	70838	예방수칙	67721
2	정부대응	56691	정부대응	48621	마스크	64164
3	치료	35126	치료	29547	정부대응	44653
4	예방수칙	34211	진단키트	18730	진단키트	38674
5	진단키트	32176	감기	16942	치료	35266
6	감기	20256	가짜뉴스	15988	소독	27059
7	가짜뉴스	19114	격리	15747	감기	25229
8	소독	18906	소독	11047	가짜뉴스	24288
9	격리	17607	음성	10293	격리	22489
10	손씻기	13038	손씻기	10114	손씻기	19160
11	음성	11414	양성	9969	음성	16687
12	양성	10770	면역식품	7153	양성	15895
13	면역식품	8679	우울	6547	면역식품	14060
14	우울	7800	입국금지	6337	우울	12936
15	입국금지	7067	무증상	3765	입국금지	11820
16	무증상	4162	발열	3341	무증상	7902
17	발열	3705	호흡곤란	3202	발열	7227
18	호흡곤란	3508	예방수칙	3126	호흡곤란	6907
19	인후염	2699	인후염	2352	인후염	5676
20	소화기증상	1897	소화기증상	1650	소화기증상	4282
21	검사	1768	검사	1540	검사	4043
22	휴교	1471	휴교	1337	휴교	3454
	합계	414,855	합계	298,186	합계	479,593

[표 1-4] 코로나19 주요 요인의 월별 키워드 순위 변화 (TF 기준)

순위	2020년 2월	2020년 3월	2020년 4월	2020년 5월
1	마스크	마스크	마스크	마스크
2	정부대응	정부대응	정부대응	정부대응
3	감기	치료	치료	치료
4	치료	진단키트	격리	가짜뉴스
5	가짜뉴스	가짜뉴스	진단키트	감기
6	소독	격리	가짜뉴스	격리
7	격리	감기	감기	음성
8	손씻기	음성	손씻기	진단키트
9	입국금지	양성	소독	우울
10	음성	소독	양성	손씻기
11	진단키트	손씻기	우울	양성
12	양성	입국금지	면역식품	면역식품
13	면역식품	면역식품	음성	소독
14	발열	우울	무증상	무증상
15	예방수칙	무증상	호흡곤란	호흡곤란
16	우울	발열	입국금지	발열
17	호흡곤란	호흡곤란	예방수칙	예방수칙
18	인후염	예방수칙	발열	소화기증상
19	무증상	인후염	검사	검사
20	휴교	소화기증상	인후염	인후염
21	소화기증상	휴교	소화기증상	입국금지
22	검사	검사	휴교	휴교

5-3 코로나19 주요 요인의 미래신호 탐색

상기 미래신호 탐색방법론에 따라 분석한 결과는 [표 1-5], [표 1-6]과 같다. 코로나19 주요 요인에 대한 DoV 증가율과 평균단어빈도를 산출한 결과, DoV 증가율의 중앙값이 0.27로 코로나19 주요 요인이 평균적으로 증가하고 있는 것으로 나타났다. 진단키트는 높은 빈도를 보이고 DoV 증가율은 중앙값보다 높게 나타나 시간이 갈수록 신호가 강해지는 것을 확인할 수 있었다. [표 1-5]와 같이 마스크, 예방수칙, 감기, 가짜뉴스의 평균단어빈도는 높고 DoV 증가율은 중앙값보다 낮게 나타나 시간이 갈수록 신호가 약해지는 것을 확인할 수 있었다. 그리고 우울 요인은 낮은 빈도를 보이나 DoV 증가율은 높게 나타나 시간이 갈수록 신호가 강해지는 것을 확인할 수 있었다.

　　[표 1-6]과 같이 DoD 증가율의 중앙값은 0.069로 코로나19 주요 요인의 확산은 평균적으로 조금씩 증가하고 있는 것으로 나타났다. 정부대응, 치료, 진단키트, 격리는 높은 빈도를 보이고 DoD 증가율은 중앙값보다 높게 나타나 시간이 갈수록 신호가 강해지는 것을 확인할 수 있었다. 그리고 검사 요인은 낮은 빈도를 보이나 DoD 증가율은 높게 나타나 시간이 갈수록 신호가 강해지는 것을 확인할 수 있었다. 앞에서 제시한 미래신호 탐색 절차와 같이 DoV의 평균단어빈도와 DoD의 평균문서빈도를 X축으로 설정하고 DoV와 DoD의 평균증가율을 Y축으로 설정한 후 각 값의 중앙값을 사분면으로 나누면, 2사분면에 해당하는 영역의 키워드는 약신호가 되고 1사분면에 해당하는 키워드는 강신호가 된다. 빈도수 측면에서는 상위 10위에 마스크, 정부대응, 치료, 진단키트, 감기, 가짜뉴스, 격리, 소독, 음성, 손씻기 순으로 포함되었다.

L2 　|　 × ✓ fx 　=F2*LOG10(298186/K2)

	A	2월	3월	4월	5월	TOT_TF	2월	3월	4월	5월	TOT_DF	TF-IDF	2월DoV	3월DoV	4월DoV	5월DoV	Dov12증가	Dov23증가	Dov24증가	DoV평균증가율	TF평균빈도
2	양성	2714	4387	2169	1500	10770	2563	4060	1951	1395	9969	15895	0.021	0.025	0.023	0.026	0.146	-0.048	0.110	0.069	2693
3	음성	3204	4697	1486	2027	11414	2914	4175	1348	1856	10293	16687	0.025	0.026	0.016	0.026	0.039	-0.391	0.656	0.101	2854
4	발열	1256	1260	639	550	3705	1117	1137	576	511	3341	7227	0.010	0.007	0.007	0.007	-0.289	-0.023	0.045	-0.089	926
5	호흡곤란	1037	1139	769	563	3508	957	1029	695	521	3202	6907	0.008	0.006	0.008	0.007	-0.221	0.300	-0.111	-0.011	877
6	감기	8294	6408	3017	2537	20256	6898	5497	2509	2038	16942	25229	0.065	0.036	0.032	0.033	-0.452	-0.093	0.021	-0.175	5064
7	인후염	1043	989	342	325	2699	887	866	304	295	2352	5676	0.008	0.006	0.004	0.004	-0.328	-0.334	0.153	-0.170	675
8	소흡기증상	379	722	347	449	1897	341	629	295	385	1650	4282	0.003	0.004	0.004	0.006	0.350	-0.075	0.570	0.282	474
9	우울	1064	2618	2054	2064	7800	990	2315	1614	1628	6547	12936	0.008	0.015	0.022	0.027	0.744	0.511	0.220	0.491	1950
10	무증상	739	1470	1129	824	4162	664	1313	1010	778	3765	7902	0.006	0.008	0.012	0.011	0.410	0.479	-0.114	0.258	1041
11	검사	153	611	586	412	1768	141	508	523	368	1540	4043	0.001	0.003	0.006	0.005	1.858	0.829	-0.147	0.847	442
12	치료	7302	13276	9705	4843	35126	6150	11124	8079	4194	29547	35266	0.058	0.074	0.104	0.063	0.289	0.408	-0.394	0.101	8782
13	격리	3382	6178	5897	2150	17607	3010	5567	5028	1944	15747	22489	0.027	0.035	0.063	0.028	0.295	0.838	-0.557	0.192	4402
14	진단키트	3945	15485	9801	2945	32176	2910	8835	5211	1774	18730	38674	0.031	0.087	0.106	0.038	1.782	0.219	-0.635	0.455	8044
15	정부대응	12714	20865	13940	9572	56691	10880	17898	11728	8115	48621	44653	0.100	0.117	0.146	0.125	0.163	0.248	-0.142	0.090	14173
16	휴교	555	621	160	135	1471	495	572	142	128	1337	3454	0.004	0.003	0.002	0.002	-0.207	-0.504	0.024	-0.229	368
17	면역식품	2274	2877	1927	1601	8679	2001	2367	1604	1281	7153	14060	0.018	0.016	0.021	0.021	-0.103	0.290	0.008	0.065	2170
18	예방수칙	11051	11884	6653	4623	34211	1060	982	615	469	3126	67721	0.087	0.066	0.072	0.060	-0.238	-0.157	-0.105	-0.105	8553
19	손씻기	3919	4241	2817	2061	13038	2928	3285	2285	1616	10114	19160	0.031	0.024	0.030	0.027	-0.233	0.279	-0.112	-0.022	3260
20	소독	6557	6689	3764	1896	18906	3760	3980	2101	1206	11047	27059	0.052	0.037	0.041	0.025	-0.277	0.084	-0.389	-0.194	4727
21	마스크	27771	44034	17173	13812	102790	19399	27900	11309	6230	70838	64164	0.219	0.246	0.185	0.180	0.124	-0.249	-0.024	-0.050	25698
22	외국금지	3296	2888	693	190	7067	2921	2587	648	181	6337	11820	0.026	0.016	0.007	0.002	-0.379	-0.538	-0.667	-0.528	1767
23	가짜뉴스	5107	7627	3576	2804	19114	4296	6295	3100	2267	15968	24288	0.040	0.043	0.038	0.037	0.059	-0.097	-0.048	-0.029	4779
24	Total	107756	160972	88244	57883	414855	77252	112890	64778	43266	298186	479593									

[그림 1-10]　[표 1-3∼표 1-6]의 작성을 위한 Excel 활용

[표 1-5] 코로나19 주요 요인의 DoV 평균증가율과 평균단어빈도

요인	DoV				평균증가율	평균단어빈도
	2020년 2월	2020년 3월	2020년 4월	2020년 5월		
마스크	27,771	44,034	17,173	13,812	−0.050	25,698
정부대응	12,714	20,865	13,540	9,572	0.090	14,173
치료	7,302	13,276	9,705	4,843	0.101	8,782
예방수칙	11,051	11,884	6,653	4,623	−0.105	8,553
진단키트	3,945	15,485	9,801	2,945	0.455	8,044
감기	8,294	6,408	3,017	2,537	−0.175	5,064
가짜뉴스	5,107	7,627	3,576	2,804	−0.029	4,779
소독	6,557	6,689	3,764	1,896	−0.194	4,727
격리	3,382	6,178	5,897	2,150	0.192	4,402
손씻기	3,919	4,241	2,817	2,061	−0.022	3,260
음성	3,204	4,697	1,486	2,027	0.101	2,854
양성	2,714	4,387	2,169	1,500	0.069	2,693
면역식품	2,274	2,877	1,927	1,601	0.065	2,170
우울	1,064	2,618	2,054	2,064	0.491	1,950
입국금지	3,296	2,888	693	190	−0.528	1,767
무증상	739	1,470	1,129	824	0.258	1,041
발열	1,256	1,260	639	550	−0.089	926
호흡곤란	1,037	1,139	769	563	−0.011	877
인후염	1,043	989	342	325	−0.170	675
소화기증상	379	722	347	449	0.282	474
검사	153	617	586	412	0.847	442
휴교	555	621	160	135	−0.229	368
중앙값					0.27	2773.5

[표 1-6] 코로나19 주요 요인의 DoD 평균증가율과 평균문서빈도

키워드	DoD				평균증가율	평균문서빈도
	2020년 2월	2020년 3월	2020년 4월	2020년 5월		
마스크	19,399	27,900	13,314	10,225	0.043	17,710
정부대응	10,880	17,898	11,728	8,115	0.163	12,155
치료	6,150	11,124	8,079	4,194	0.155	7,387
진단키트	2,910	8,835	5,211	1,774	0.274	4,683
감기	6,898	5,497	2,509	2,038	−0.101	4,236
가짜뉴스	4,266	6,265	3,100	2,357	0.058	3,997
격리	3,010	5,567	5,226	1,944	0.218	3,937
소독	3,760	3,980	2,101	1,206	−0.119	2,762
음성	2,914	4,175	1,348	1,856	0.267	2,573
손씻기	2,928	3,285	2,285	1,616	0.069	2,529
양성	2,563	4,060	1,951	1,395	0.053	2,492
면역식품	2,001	2,367	1,504	1,281	0.123	1,788
우울	990	2,315	1,614	1,628	0.522	1,637
입국금지	2,921	2,587	648	181	−0.486	1,584
무증상	664	1,313	1,010	778	0.354	941
발열	1,117	1,137	576	511	0.023	835
호흡곤란	957	1,028	695	522	0.069	801
예방수칙	1,060	982	615	469	0.008	782
인후염	887	866	304	295	−0.039	588
소화기증상	341	629	295	385	0.419	413
검사	141	508	523	368	0.871	385
휴교	495	572	142	128	−0.095	334
중앙값					0.069	2140

[그림 1-11], [그림 1-12], [표 1-7]과 같이 예방수칙은 KEM에서는 강하지만 증가율이 낮은 신호로 나타난 반면 KIM에서는 잠재신호로 나타났다. KEM과 KIM에 공통적으로 나타나는 강신호(1사분면)에는 정부대응, 진단키트, 치료, 격리가 포함되었고, 약신호(2사분면)에는 검사, 우울, 소화기증상, 무증상, 면역식품이 포함되었다. 4사분면에 나타난 강하지만 증가율이 낮은 신호에는 마스크, 가짜뉴스, 감기, 소독, 양성, 손씻기, 호흡곤란, 발열, 인후염, 휴교, 입국금지가 포함되었고, 3사분면에 나타난 잠재신호에는 호흡곤란, 발열, 인후염, 휴교, 입국금지가 포함되었다. 특히 약신호인 2사분면에는 검사와 우울이 높은 증가율을 보이고 있는 것으로 나타났다.

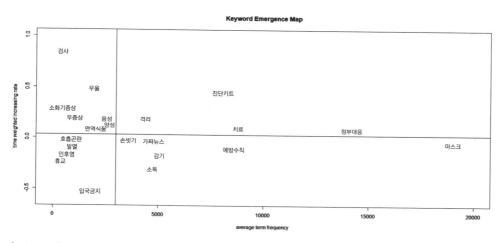

[그림 1-11] 코로나19 관련 주요 요인(키워드) KEM

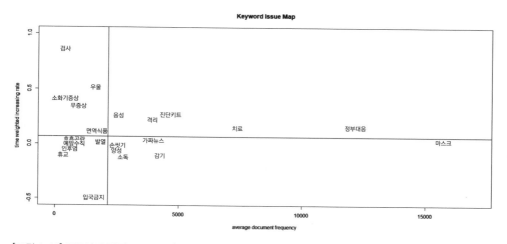

[그림 1-12] 코로나19 관련 주요 요인(키워드) KIM

[표 1-7] 코로나19 주요 요인의 미래신호

구분	잠재신호 (Latent signal)	약신호 (Weak signal)	강신호 (Strong signal)	강하지만 증가율이 낮은 신호 (Strong but low increasing signal)
KEM	호흡곤란, 발열, 인후염, 휴교, 입국금지	검사, 우울, 소화기증상, 무증상, 음성, 양성, 면역식품	정부대응, 진단키트, 치료, 격리	마스크, 예방수칙, 가짜뉴스, 감기, 소독, 손씻기
KIM	호흡곤란, 예방수칙, 발열, 인후염, 휴교, 입국금지	검사, 우울, 소화기증상, 무증상, 면역식품	정부대응, 진단키트, 치료, 격리, 음성	마스크, 가짜뉴스, 감기, 소독, 양성, 손씻기
주요 신호	호흡곤란, 발열, 인후염, 휴교, 입국금지	검사, 우울, 소화기증상, 무증상, 면역식품	정부대응, 진단키트, 치료, 격리	마스크, 가짜뉴스, 감기, 소독, 양성, 손씻기

```
R Console

> ## future signal
> # DoV
>
> rm(list=ls())
> setwd("c:/Covid_AI")
> covid=read.table(file="covid_Dov_202312.txt",header=T)
> windows(height=8.5, width=8)
> plot(covid$tf,covid$df,xlim=c(0,20000), ylim=c(-.6,1.0), pch=18 ,
+  col=8,xlab='average term frequency', ylab='time weighted increasing rate',
+  main='Keyword Emergence Map')
> text(covid$tf,covid$df,label=covid$covid,cex=1, col=1)
> abline(h=0.03, v=3000, lty=1, col=1, lwd=0.5)
> savePlot('Covid19_DoV',type='tif')
> # DoD
>
> rm(list=ls())
> setwd("c:/Covid_AI")
> covid=read.table(file="covid_DoD_202312.txt",header=T)
> windows(height=8.5, width=8)
> plot(covid$tf,covid$df,xlim=c(0,17000), ylim=c(-.5,1.0), pch=18 ,
+  col=8,xlab='average document frequency', ylab='time weighted increasing r$
+  main='Keyword Issue Map')
> text(covid$tf,covid$df,label=covid$covid,cex=1, col=1)
> abline(h=0.069, v=2140, lty=1, col=1, lwd=0.5)
> savePlot('Covid19_DoD',type='tif')
> |
```

[그림 1-13] 코로나19 관련 요인 신호탐색 syntax(R)

5-4 결론 및 고찰

코로나19 전염병은 전 세계 보건 시스템에 중대한 문제를 야기하였을 뿐만 아니라 질병의 원인·결과·예방 및 치료에 대한 소문, 잘못된 허위 정보를 증가시켰다. 소셜미디어상에서 생성되고 있는 코로나19 감염병과 관련된 빅데이터를 수집해 분석하면, 코로나19와 관련된 올바른 지식과 정보를 제공하고 코로나19 감염에 효과적으로 대처할 수 있을 것이다. 소셜미디어 데이터 분석을 통해 잘못된 정보와 확인되지 않은 소문에 대하여 추적할 수 있으며, 전염병 확산과 질병에 대한 두려움과 공포를 이해하는 데 도움이 될 수 있다. 또한 소셜미디어를 통하여 사회적 동원, 건강증진, 대중과의 의사소통 및 공중보건 개입을 통해 잠재적인 발병에 대처하기 위한 추가적인 통제 전략으로 활용할 수 있을 것이다.

이에 본 연구에서는 2020.2.1~2020.5.31까지 국내의 트위터를 대상으로 코로나19와 관련하여 수집된 174만 6,347건의 트윗 문서를 대상으로 코로나19의 미래신호 탐색과 정보확산에 대한 대응방안을 알아보았다. 코로나19의 미래신호를 탐색하기 위해 주요 요인을 대상으로 단어빈도와 문서빈도를 분석하고, 요인의 중요도(KEM)와 확산도(KIM)를 분석하여 미래신호를 탐색하였다. 본 연구 결과를 요약하면 다음과 같다.

첫째, 진단키트의 평균단어빈도가 높고 DoV 증가율이 중앙값보다 높아 시간이 갈수록 신호가 강해지는 것으로 나타났다. 따라서 정부 차원에서 진단키트를 충분히 확보함으로써 방역체계를 강화하여야 할 것이다. 또한 마스크, 예방수칙, 감기, 가짜뉴스의 평균단어빈도가 높고 DoV 증가율이 중앙값보다 낮아 시간이 갈수록 신호가 약해지는 것으로 나타났다. 따라서 코로나19에 대한 예방수칙 등에 대한 올바른 정보를 적극적으로 홍보하여 지역 감염이 확산되지 않도록 준비하여야 할 것이다. 그리고 우울 요인은 낮은 빈도를 보였으나 DoV 증가율은 높게 나타나 시간이 갈수록 신호가 강해지는 것을 확인할 수 있었다. 이에 코로나19 확산에 따라 국민들이 느끼는 우울 감정 등을 해소할 수 있는 국가 차원의 대응이 필요할 것으로 보인다.

둘째, 예방수칙은 중요도(KEM)에서는 강하지만 증가율이 낮은 신호로 나타난 반면 확산도(KIM)에서는 잠재신호로 나타났다. 이는 예방수칙의 중요성에 대한 홍보가 미흡하다는 것을 보여준다. 따라서 사람들의 장기간 마스크 착용에 대한 피로감과 여름철 마스크 착용 기피로 인해 코로나19 감염의 재확산이 우려되고 있기 때문에 예방수칙과 마스크 착용에 대한 대국민 홍보는 지속적으로 강화되어야 할 것이다.

셋째, 약신호에서 검사와 우울이 높은 증가율을 보이고 있는데 이들 키워드가 시간이 지나면 강신호로 발전할 수 있기 때문에 이에 대한 적극적인 대응책이 요구된다. 따라서 정부 차원의 대상자별 심리치료 및 스트레스 관리 체계를 마련하여야 할 것이다. 그리고 코로나 사태가 장기화되면서 감염 스트레스로 인한 우울감을 호소하는 사람들이 증가하고 있을 뿐만 아니라 실업, 사망 및 사회적 고립 등과 같은 압도적인 스트레스에 노출되는 사람들이 증가하고 있다. 이에 코로나19 전염병에 대한 불안과 공포 확산을 방어할 수 있는 심리적 방역 체계 정비의 중요성이 강조되어야 할 것이다.

본 연구에서 제시하는 정책 제언과 제한점은 다음과 같다.

첫째, 신호의 일반적인 흐름은 잠재신호(빈도와 증가율이 낮은 상태) → 약신호(빈도는 낮지만 증가율이 높은 상태) → 강신호(빈도와 증가율이 높은 상태) → 강하지만 증가율이 낮은 신호(빈도는 높지만 증가율이 높지 않은 상태)로 이행된다(김미곤 외, 2018). 빈도와 증가율이 낮은 상태는 본격적으로 이슈화되지 않은 상태이므로 잠재신호로 해석할 수 있다. 반면, 빈도는 낮지만 증가율이 높은 상태인 약신호의 경우 향후 이슈화될 가능성이 높다. 또한 빈도와 증가율이 높은 상태인 강신호의 경우 현재 이슈가 되고 있는 키워드이다. 따라서 현재 약신호에 있는 검사, 우울, 소화기증상, 무증상, 면역식품은 빠른 시간에 강신호로 이행되기 때문에 이에 대한 대응방안을 마련해야 할 것이다.

둘째, 트위터 채널에서 언급하는 코로나19와 관련한 용어는 이론적 배경하에 분류된 온톨로지의 전문용어도 사용하지만 트위터 채널 이용시점에서 자주 사용하는 구어체나 속어를 사용할 수도 있다. 따라서 코로나19 온톨로지는 용어의 추가 등 수정·보완이 지속적으로 이루어져야 할 것이다.

마지막으로, 전 세계에 2차 팬데믹의 위기가 도래하고 있는 시점에 코로나19 백신의 조기 개발이 어렵고, 백신이 개발된다 하더라도 그 시기는 내년(2021년) 이후일 가능성이 크다. 따라서 코로나19 백신의 효과가 입증되고 백신이 충분히 보급되어 세계 많은 사람들이 백신을 접종하여 면역력을 갖기 전까지는 개인 방역으로 예방할 수밖에 없다. 개인들이 사회적 거리두기와 마스크 착용, 위생관리를 철저히 하는 것이 확실한 예방법이다. 또한 개인 차원의 면역력을 강화하여 코로나19 감염의 위험을 낮출 수 있도록 스스로 노력해야 할 것이다. 아울러 정부 차원에서 코로나19의 신속한 진단과 확진자 격리를 통한 선제적 조치가 이루어지도록 감시체계를 강화하여야 할 것이다.

ch 2

R의 설치와 활용

1 R의 설치와 활용[1]

R 프로그램(이하 R)은 통계분석과 시각화 등을 위해 개발된 오픈소스 프로그램(소스코드를 공개해 누구나 무료로 이용하고 수정·재배포할 수 있는 소프트웨어)이다. R은 1976년 벨연구소(Bell Laboratories)에서 개발한 S언어에서 파생된 오픈소스 언어로, 1995년에 소스가 공개된 이후 현재까지 'R development core team'에 의해 지속적으로 개선되고 있다. 대화방식(interactive) 모드로 실행되기 때문에 실행 결과를 바로 확인할 수 있으며, 분석에 사용한 명령어(script)를 다른 분석에 재사용할 수 있는 오브젝트 기반 객체지향적(object-oriented) 언어이다.

　　R은 특정 기능을 달성하는 명령문의 집합인 패키지와 함수의 개발에 용이하여 자료 분석과 인공지능 개발에 널리 사용되고 있다. 오늘날 많은 전문가들이 CRAN(Comprehensive R Archive Network)을 통하여 개발한 패키지와 함수를 공개함으로써 그 활용 가능성을 지속적으로 높이고 있다.

---

1 본 장의 일부 내용은 '송주영·송태민 (2018).《빅데이터를 활용한 범죄예측》. pp.49-81'에서 발췌한 내용임을 밝힌다.

1-1 R 설치

R프로젝트의 홈페이지(http://www.r-project.org)에서 다운로드 받으면 누구나 최신 버전의 R을 설치해 사용할 수 있다. R의 설치 절차는 다음과 같다.

① R프로젝트의 홈페이지에서 R-4.3.2.exe를 다운로드 받아 실행한다.

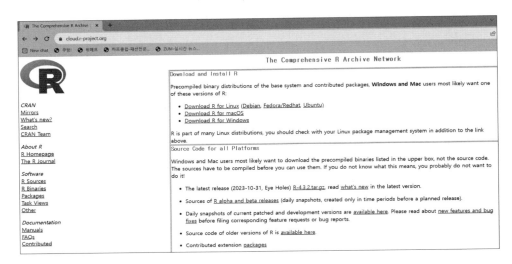

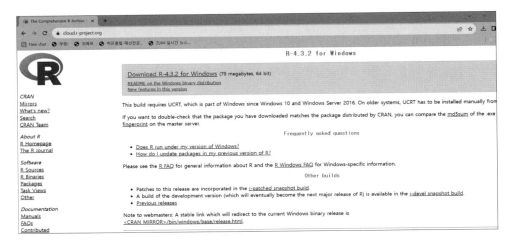

② 설치 언어로 'English'를 선택한 후 [확인] 버튼을 누른다.

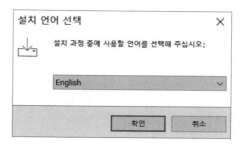

③ 설치 정보가 나타나면 계속 [Next]를 누른다. R 프로그램을 설치할 위치를 설정한다.

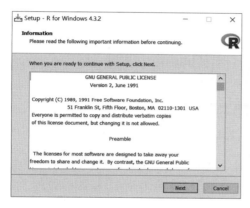
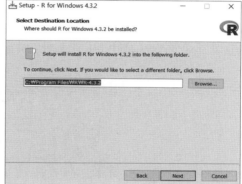

④ 설치할 해당 PC의 운영체제에 맞는 구성요소를 설치한 후 [Next]를 누른다. 스타트업 옵션은 'No(accept defaults)'를 선택하고 [Next]를 누른다.

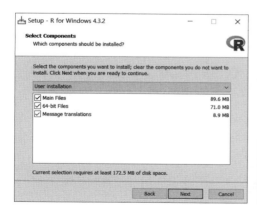
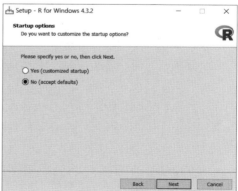

⑤ R의 시작메뉴 폴더를 선택한 후 [Next]를 누른다. 설치 추가사항을 'Create a desktop shortcut'으로 지정하고 [Next]를 누른다.

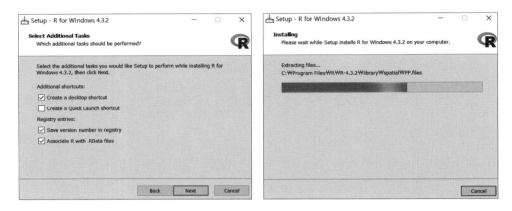

⑥ 설치 중 화면이 보이다가 완료 화면이 나타나면 [Finish]를 누른다.

⑦ 설치를 마친 후 윈도즈에서 [시작] → [R]을 클릭하거나 바탕화면에 설치된 R 아이
콘을 클릭하면 실행된다. 프로그램을 종료할 때는 화면의 종료(×)나 'q( )'를 입력한다.

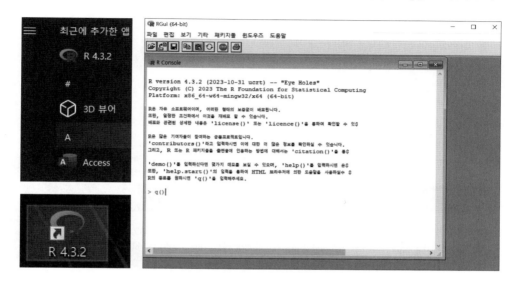

⑧ R Console 환경 설정: [Edit → GUI preferences]를 선택한 후 [Rgui Configuration Editor] 화면에서 Console 환경을 변경할 수 있다.

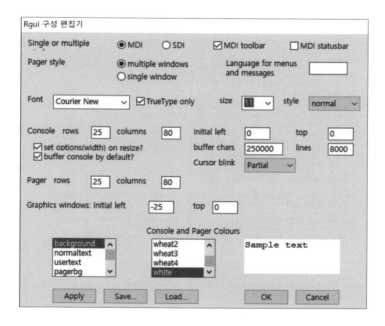

① 워드패드 등의 텍스트 편집기를 관리자 권한으로 실행하여 아래 파일을 연다.

C:\Program Files\R\R-4.3.2\etc\Rconsole

② 아래와 같이 파일 내용을 변경한다.

(상략)

Language for messages

language = en

(하략)

③ R-4.3.2를 재실행하면 영문 Rconsole이 출력된다.

R-4.3.2 버전에서 [그림 2-1]과 같이 nnet 패키지(신경망 알고리즘)가 실행되지 않을 경우,
이 책의 테이터 자료에서 제공한 R-3.6.3 버전의 4개 폴더(bin, include, library, modules)를
[그림 2-2]와 같이 복사하여 C:₩Program Files₩R₩R-4.3.2 폴더에 붙여넣기 한 후
[그림 2-3]과 같이 nnet 패키지를 실행하면 신경망 분석을 할 수 있다.

```
R Console
> setwd("c:/Covid_AI")
> install.packages("nnet")
trying URL 'https://cloud.r-project.org/bin/windows/contrib/4.3/nnet_7.3-19.zip'
Content type 'application/zip' length 122723 bytes (119 KB)
downloaded 119 KB

package 'nnet' successfully unpacked and MD5 sums checked

The downloaded binary packages are in
        C:\Users\AERO\AppData\Local\Temp\Rtmp4I28P6\downloaded_packages
> tdata = read.table('Covid_AI_S_30.txt',header=T)
> input=read.table('input_covid_AI_30.txt',header=T,sep=",")
Warning message:
In read.table("input_covid_AI_30.txt", header = T, sep = ",") :
  incomplete final line found by readTableHeader on 'input_covid_AI_30.txt'
> output=read.table('output_covid_AI.txt',header=T,sep=",")
Warning message:
In read.table("output_covid_AI.txt", header = T, sep = ",") :
  incomplete final line found by readTableHeader on 'output_covid_AI.txt'
>
> input_vars = c(colnames(input))
> output_vars = c(colnames(output))
> form = as.formula(paste(paste(output_vars, collapse = '+'),'~',
+ paste(input_vars, collapse = '+')))
> form
Risk_Sentiment ~ Symptomaticpatient + Positivejudgment + Negativejudgment +
    Suspicious + Fever + Insomnia + Respiratory + Cold + Sorethroat +
    Digestive + Musclepain + Depression + Asymptomatic + Dying +
    Inspection + Treatment + Isolation + Diagnosiskit + Governmentresponse +
    Schoolclosed + Socialdistancing + Kquarantine + Visitingcare +
    Immunityfood + HealthCare + Outing + Handcleaner + Disinfectant +
    Mask + Noentry
> tr.nnet = nnet(form, data=tdata, size=13, itmax=200)
Error in nnet(form, data = tdata, size = 13, itmax = 200) :
  could not find function "nnet"
> tr.nnet = nnet(form, data=tdata, size=13, itmax=200)
Error in nnet(form, data = tdata, size = 13, itmax = 200) :
  could not find function "nnet"
> |
```

[그림 2-1] R-4.3.2 버전에서 nnet 패키지의 실행 오류

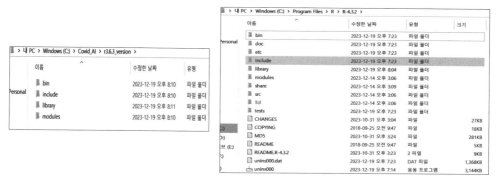

[그림 2-2] R-3.6.3 버전에서 R-4.3.2 버전으로 폴더 복사

```
R R Console

Warning message:
package 'MASS' is not available (for R version 3.6.3)
> library(MASS)
>
> tdata = read.table('Covid_AI_S_30.txt',header=T)
> input=read.table('input_covid_AI_30.txt',header=T,sep=",")
Warning message:
In read.table("input_covid_AI_30.txt", header = T, sep = ",") :
  incomplete final line found by readTableHeader on 'input_covid_AI_30.txt'
> output=read.table('output_covid_AI.txt',header=T,sep=",")
Warning message:
In read.table("output_covid_AI.txt", header = T, sep = ",") :
  incomplete final line found by readTableHeader on 'output_covid_AI.txt'
>
> input_vars = c(colnames(input))
> output_vars = c(colnames(output))
> form = as.formula(paste(paste(output_vars, collapse = '+'),'~',
+  paste(input_vars, collapse = '+')))
> form
Risk_Sentiment ~ Symptomaticpatient + Positivejudgment + Negativejudgment +
    Suspicious + Fever + Insomnia + Respiratory + Cold + Sorethroat +
    Digestive + Musclepain + Depression + Asymptomatic + Dying +
    Inspection + Treatment + Isolation + Diagnosiskit + Governmentresponse +
    Schoolclosed + Socialdistancing + Kquarantine + Visitingcare +
    Immunityfood + HealthCare + Outing + Handcleaner + Disinfectant +
    Mask + Noentry
> tr.nnet = nnet(form, data=tdata, size=13, itmax=200)
# weights:  417
initial  value 155215.777133
iter  10 value 112233.152500
iter  20 value 111291.684794
iter  30 value 110736.572077
iter  40 value 110372.639969
iter  50 value 110176.265288
iter  60 value 110027.493993
iter  70 value 109881.724315
iter  80 value 109783.911753
iter  90 value 109729.684729
iter 100 value 109674.833897
final  value 109674.833897
stopped after 100 iterations
```

[그림 2-3] R-3.6.3 버전에서 nnet 패키지의 실행 결과

1-2 R 활용

R은 명령어(script) 입력 방식(command based)의 소프트웨어로, 분석에 필요한 다양한 패키지(package)를 설치(install)한 후 로딩(library)하여 사용한다.

1) 패키지 설치 및 로딩

R은 분석방법(통계분석, 머신러닝, 시각화 등)에 따라 다양한 패키지를 설치하고 로딩할 수 있다. 패키지는 CRAN(www.r-project.org) 사이트에서 자유롭게 내려받아 설치할 수 있다. R은 자체에서 제공하는 기본 패키지가 있고 CRAN에서 제공하는 2만 200여 개(2023년 12월 20일 현재 2만 232개 등록)의 추가 패키지(패키지를 처음으로 추가 설치할 경우 반드시 인터넷이 연결되어 있어야 한다)가 있다. R에서 install.packages( ) 함수나 메뉴바에서 '패키지 설치하기'를 이용하면 홈페이지의 CRAN 미러로부터 패키지를 설치할 수 있다. 미러 사이트(mirrors site)는 한 사이트에 많은 트래픽이 몰리는 것을 방지하기 위해 동일한 내용을 복사하여 여러 곳에 분산시킨 사이트를 말한다. 2023년 12월 20일 현재 '0-Cloud'를 포함하여 46개국에 93개 미러 사이트가 운영 중이다. 한국은 1개의 미러 사이트를 할당받아 사용할 수 있다.

(1) script 예 (코로나19 주요 요인에 대한 워드클라우드 작성)

> setwd("c:/Covid_AI"): 작업용 디렉터리를 지정

> install.packages('wordcloud'): 워드클라우드 처리 패키지 설치

> library(wordcloud): 워드클라우드 처리 패키지 로딩

> key=c('코로나19','우한코로나','코로나','코비드19','COVID19', 'Corona','코로나바이러스감염증19','SARSCoV2','우한바이러스','우한폐렴')

- 코로나19 용어 언급 키워드를 key벡터에 할당

> key1=c('Symptomaticpatient', 'Positivejudgment', 'Negativejudgment', 'Suspicious', 'Fever', 'Insomnia', 'Respiratory', 'Cold', 'Sorethroat', 'Digestive', 'Musclepain', 'Depression', 'Asymptomatic', 'Dying', 'Inspection', 'Treatment', 'Isolation', 'Diagnosiskit', 'Governmentresponse', 'Schoolclosed', 'Socialdistancing', 'Kquarantine', 'Visitingcare', 'Immunityfood', 'HealthCare', 'Outing', 'Handcleaner', 'Disinfectant', 'Mask', 'Noentry')

- 코로나19 주요 요인을 key1벡터에 할당

> freq=c(1581, 1433,129299,54,442,4902,169,10,1333,50114)

- 코로나19 용어 언급 키워드의 빈도를 freq벡터에 할당

> freq1=c(122251, 6177, 7227, 1689, 2361, 123, 2422, 11076, 1263, 1000, 503, 4156, 3428, 36183, 1093, 22590, 10539, 14490, 34292, 793, 1274, 4190, 854, 3378, 2666, 2492, 7195, 6246, 44088, 4619)

- 코로나19 주요 요인의 빈도를 freq1벡터에 할당

> library(RColorBrewer): 컬러 출력 패키지 로딩

> palete=brewer.pal(9,"Set1")

- RColorBrewer의 9가지 글자 색을 palete 변수에 할당

> wordcloud(key,freq,scale=c(4,1),rot.per=.20,min.freq=100,random.order=F, random.color=T,colors=palete)

- 코로나19 용어의 워드클라우드 출력

> wordcloud(key1,freq1,scale=c(4,1),rot.per=.20,min.freq=100,random.order=F, random.color=T,colors=palete)

- 코로나19 주요 요인의 워드클라우드 출력

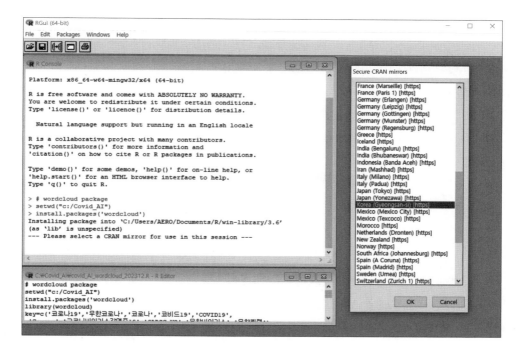

```
> # wordcloud package
> setwd("c:/Covid_AI")
> install.packages('wordcloud')
Installing package into 'C:/Users/AERO/Documents/R/win-library/3.6'
(as 'lib' is unspecified)
trying URL 'https://cran.yu.ac.kr/bin/windows/contrib/3.6/wordcloud_2.6.zip'
Content type 'application/zip' length 599305 bytes (585 KB)
downloaded 585 KB

package 'wordcloud' successfully unpacked and MD5 sums checked

The downloaded binary packages are in
        C:\Users\AERO\AppData\Local\Temp\Rtmpma2vkm\downloaded_packages
> library(wordcloud)
Loading required package: RColorBrewer
> key=c('코로나19','우한코로나','코로나','코비드19','COVID19',
+    'Corona','코로나바이러스감염증19','SARSCoV2','우한바이러스','우한폐렴')
> key1=c('Symptomaticpatient', 'Positivejudgment', 'Negativejudgment',
+    'Suspicious', 'Fever', 'Insomnia', 'Respiratory', 'Cold', 'Sorethroat',
+    'Digestive', 'Musclepain', 'Depression', 'Asymptomatic', 'Dying', 'Inspection',
+    'Treatment', 'Isolation', 'Diagnosiskit', 'Governmentresponse', 'Schoolclosed',
+    'Socialdistancing', 'Kquarantine', 'Visitingcare', 'Immunityfood',
+    'HealthCare', 'Outing', 'Handcleaner', 'Disinfectant', 'Mask', 'Noentry')
> freq=c(1581, 1433,129299,54,442,4902,169,10,1333,50114)
> freq1=c(122251, 6177, 7227, 1689, 2361, 123, 2422, 11076,
+    1263, 1000, 503, 4156, 3428, 36183, 1093, 22590, 10539,
+    14490, 34292, 793, 1274, 4190, 854, 3378, 2666,
+    2492, 7195, 6246, 44088, 4619)
> library(RColorBrewer)
> palete=brewer.pal(9,"Set1")
> wordcloud(key,freq,scale=c(4,1),rot.per=.20,min.freq=100,random.order=F,
+    random.color=T,colors=palete)
> wordcloud(key1,freq1,scale=c(4,1),rot.per=.20,min.freq=100,random.order=F,
+    random.color=T,colors=palete)
```

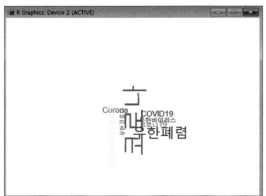

2) 값의 할당 및 연산

① R은 윈도즈 바탕화면에 설치된 프로그램 아이콘을 실행한 후, 초기 화면에 나타난 기호(prompt) '>' 다음 열(column)에 명령어를 입력하고 [Enter] 키를 누르면 실행된다.

② R에서 실행한 결과(값)를 객체 혹은 변수에 저장하는 것을 할당이라고 하며, R에서 값의 할당은 '='(본서에서 사용) 또는 '<-'를 사용한다.

③ R 명령어가 길 때 다음 행의 연결은 '+'를 사용한다.

④ 여러 개 명령어의 연결은 ';'을 사용한다.

⑤ R에서 변수를 사용할 때 아래와 같은 규칙이 있다.

- 대소문자를 구분하여 변수를 지정해야 한다.
- 변수명은 영문자, 숫자, %, 마침표(.), 언더바(_)를 사용할 수 있지만 첫글자는 숫자, %, 언더바를 사용할 수 없다(숫자나 %가 변수로 사용될 경우 자동으로 첫 글자에 'X'가 추가된다).
- R 시스템에서 사용하는 예약어(if, else, NULL, NA, in 등)는 변수명으로 사용할 수 없다.

⑥ 함수(function)는 인수 형태의 값을 입력하고 계산된 결과값을 리턴하는 명령어의 집합으로 R은 함수를 이용하여 프로그램을 간결하게 작성할 수 있다.

⑦ R에서는 연산자[+, −, *, /, %%(나머지), ^(거듭제곱) 등]나 R의 내장함수[exp( ), log( ), sqrt( ), mean( ), sd( ) 등]를 사용하여 연산할 수 있다.

- **연산자를 이용한 수식의 저장**
  > pie=3.1415: pie에 3.1415를 할당
  > x=20: x에 20을 할당
  > y=2*pie+x^2: y에 2×pie+x^2의 결과값을 할당
  > y: y의 값을 화면에 출력

- **내장함수를 이용한 수식의 저장**
  > x=c(75, 80, 73, 65, 75, 83, 73, 82, 75, 72): x에 10개의 벡터값(체중)을 할당
  > mean(x): x의 평균을 화면에 출력
  > sd(x): x의 표준편차를 화면에 출력

```
R Console                                        _ □ X
> ## value assignment
>
> setwd("c:/Covid_AI")
>
> pie=3.1415
> x=20
> y=2*pie+x^2
> y
[1] 406.283
>
> ## internal function
> x=c(75,80,73,65,75,83,73,82,75,72)
> mean(x)
[1] 75.3
> sd(x)
[1] 5.313505
> |
```

⑧ R에서 이전에 수행한 작업을 다시 실행할 때는 위쪽 방향키(↑)를 사용한다.

⑨ R 프로그램을 종료할 때는 화면의 종료(X)나 'q( )'를 입력한다.

3) R의 기본 데이터형

① R에서 사용하는 모든 객체(함수, 데이터 등)를 저장할 디렉터리를 지정한다.

예: > setwd("c:/Covid_AI")

② R에서 사용하는 기본 데이터형은 다음과 같다.

- **숫자형**: 산술 연산자[+, -, *, /, %%(나머지), ^(거듭제곱) 등]를 사용해 결과를 산출한다.

  예: > x=sqrt(50*(100^2))

- **문자형**: 문자열 형태로 홑따옴표(' ')나 쌍따옴표(" ")로 묶어 사용한다.

  예: > v_name='machine learning modeling'

- **NA형**: 값이 결정되지 않아 값이 정해지지 않을 경우 사용한다.

  예: > x=mean(c(75, 80, 73, 65, 75, 83, 73, 82, 75, NA))

- **Factor형**: 문자 형태의 데이터를 숫자 형태로 변환할 때 사용한다.

  예: > x=c('a', 'b', 'c', 'd'); x_f=factor(x)

- **날짜와 시간형**: 특정 기간과 특정 시간을 분석할 때 사용한다.

  예: > x=(as.Date('2024-1-1')-as.Date('2023-1-1'))

```
R Console

> ## basic data type
>
> setwd("c:/Covid_AI")
>
> x=sqrt(50*(100^2))
> x
[1] 707.1068
> v_name='machine learning modeling'
> v_name
[1] "machine learning modeling"
> x=mean(c(75,80,73,65,75,83,73,82,75,NA))
> x
[1] NA
> x=c('a', 'b', 'c', 'd')
> x_f=factor(x)
> x_f
[1] a b c d
Levels: a b c d
> x=(as.Date('2024-1-1')-as.Date('2023-1-1'))
> x
Time difference of 365 days
>
> |
```

4) R의 자료구조

R에서는 벡터, 행렬, 배열, 리스트 형태의 자료 구조로 데이터를 관리하고 있다.

(1) 벡터

벡터(vector)는 R에서 기본이 되는 자료 구조로 여러 개의 데이터를 모아 함께 저장하는 데이터 객체를 의미한다. R에서 벡터는 다음과 같이 c( ) 함수를 사용한다.

> x=c(75, 80, 73, 65, 75, 83, 73, 82, 75, 72): 10명의 체중을 벡터로 변수 x에 할당

> y=c(5, 2, 3, 2, 5, 3, 2, 5, 7, 4): 10명의 체중 감소량을 벡터로 변수 y에 할당

> d=x - y: 벡터 x에서 벡터 y를 뺀 후 벡터 d에 할당

> d: 벡터 d의 값을 화면에 출력

> e= x[4] - y[4]: 벡터 x의 네 번째 요소값(65)에서 벡터 y의 네 번째 요소값(2)을 뺀 후 변수 e에 할당

> e: 변수 e의 값을 화면에 출력

```
R Console
>
> ## data structure c(numeric) type assignment
>
> x=c(75,80,73,65,75,83,73,82,75,72)
> y=c(5,2,3,2,5,3,2,5,7,4)
> d=x - y
> d
 [1]  70 78 70 63 70 80 71 77 68 68
> e= x[4]-y[4]
> e
[1]  63
>
> |
```

문자형 벡터 데이터는 다음과 같이 관리한다.

> x=c('Symptomaticpatient', 'Positivejudgment', 'Negativejudgment', 'Suspicious', 'Fever', 'Insomnia', 'Respiratory'): 벡터 x에 문자 데이터 할당

> x[5]: 벡터 x의 다섯 번째 요소값을 화면에 출력

```
R Console
>
> ## data structure c(string) data type  assignment
>
> x=c('Symptomaticpatient', 'Positivejudgment', 'Negativejudgment',
+        'Suspicious', 'Fever', 'Insomnia', 'Respiratory')
> x[5]
[1] "Fever"
>
> |
```

벡터에 연속적 데이터를 할당할 때는 seq( ) 함수나 ':'를 사용한다.

> x=seq(10, 150, 10): 10부터 150까지 수를 출력하되 10씩 증가하여 벡터 x에 할당

> x=30:50: 30부터 50까지 수를 출력하되 1씩 증가하여 벡터 x에 할당

```
R Console
> ## sequencial data assignment
>
> x=seq(10, 150, 10)
> x
 [1]  10  20  30  40  50  60  70  80  90 100 110 120 130 140 150
> x=30:50
> x
 [1] 30 31 32 33 34 35 36 37 38 39 40 41 42 43 44 45 46 47 48 49 50
> |
```

(2) 행렬

행렬(matrix)은 이차원 자료구조인 행과 열을 추가적으로 가지는 벡터로, 데이터 관리를 위해 matrix( ) 함수를 사용한다.

> x_matrix=matrix(c(75, 80, 73, 65, 75, 83, 73, 82, 75, 72, 77, 76), nrow=4, ncol=3):
12명의 체중을 4행과 3열의 matrix 형태로 x_matrix에 할당

> x_matrix: x_matrix 값을 화면에 출력

> x_matrix[2,1]: x_matrix 2행 1열의 요소값을 화면에 출력

```
R Console
> ## data structure matrix() data type assignment
>
> x_matrix=matrix(c(75,80,73,65,75,83,73,82,75,72,77,76), nrow=4, ncol=3)
> x_matrix
     [,1] [,2] [,3]
[1,]   75   75   75
[2,]   80   83   72
[3,]   73   73   77
[4,]   65   82   76
> x_matrix[2,1]
[1] 80
> |
```

(3) 배열

배열(array)은 3차원 이상의 차원을 가지며 행렬을 다차원으로 확장한 자료구조로, 데이터 관리를 위해 array( ) 함수를 사용한다.

> x=c(75, 80, 73, 65, 75, 83, 73, 82, 75, 72, 77, 76): 12명의 체중을 벡터 x에 할당

> x_array=array(x, dim=c(3, 3, 3)): 벡터 x를 3차원 구조로 x_array 변수로 할당

> x_array: array 변수인 x_array 값을 화면에 출력

> x_array[2,2,1]: x_array [2,2,1] 요소값을 화면에 출력

```
> ## data structure array() data type assignment
>
> x=c(75,80,73,65,75,83,73,82,75,72,77,76)
> x_array=array(x, dim=c(3,3,3))
> x_array
, , 1

     [,1] [,2] [,3]
[1,]   75   65   73
[2,]   80   75   82
[3,]   73   83   75

, , 2

     [,1] [,2] [,3]
[1,]   72   75   65
[2,]   77   80   75
[3,]   76   73   83

, , 3

     [,1] [,2] [,3]
[1,]   73   72   75
[2,]   82   77   80
[3,]   75   76   73

> x_array[2,2,1]
[1] 75
>
```

(4) 리스트

리스트(list)는 (주소, 값) 형태로 데이터 형을 지정할 수 있는 행렬이나 배열의 일종이다.

> x_address=list(name='Pennsylvania State University Schuylkill, Criminal Justice', address='200 University Drive, Schuylkill Haven, PA 17972', homepage='http://www.sl.psu.edu/'): 주소를 list형의 x_address 변수에 할당

> x_address

> x_address=list(name='Gachon University Graduate School of Industry &Environment',address='1342 Seongnamdaero, Sujeong-gu, Seongnam-si,Gyeonggi-do, Korea', homepage='https://www.gachon.ac.kr/')

> x_address

```
> ## data structure list() data type assignment
>
> x_address=list(name='Pennsylvania State University Schuylkill, Criminal Justice',
+ address='200 University Drive, Schuylkill Haven, PA 17972',
+ homepage='http://www.sl.psu.edu/')
> x_address
$name
[1] "Pennsylvania State University Schuylkill, Criminal Justice"

$address
[1] "200 University Drive, Schuylkill Haven, PA 17972"

$homepage
[1] "http://www.sl.psu.edu/"

> x_address=list(name='Gachon University Graduate School of Industry&Environment',
+ address='1342 Seongnamdaero, Sujeong-gu, Seongnam-si, Gyeonggi-do, Korea',
+ homepage='https://www.gachon.ac.kr/')
> x_address
$name
[1] "Gachon University Graduate School of Industry&Environment"

$address
[1] "1342 Seongnamdaero, Sujeong-gu, Seongnam-si, Gyeonggi-do, Korea"

$homepage
[1] "https://www.gachon.ac.kr/"
```

5) R의 함수 사용

R에서 제공하는 함수를 사용할 수 있지만 사용자는 function( )을 사용하여 새로운 함수를 생성할 수 있다. R에서는 다음과 같은 기본적인 형식으로 사용자가 원하는 함수를 정의하여 사용할 수 있다.

```
함수명 = function(인수, 인수, ...) {
        계산식 또는 실행 프로그램
        return(계산 결과 또는 반환 값)
                          }
```

예제 1 신뢰수준과 표본오차를 이용하여 표본의 크기 구하기

• 공식: $n=(\pm Z)^2 \times P(1-P)/(SE)^2$

사회위험을 분석하기 위하여 $p=0.5$ 수준을 가진 신뢰수준 95%($Z=1.96$)에서 표본오차 3%로 전화조사를 실시할 경우 적당한 표본의 크기를 구하는 함수(SZ)를 작성하라.

```
R Console
> ## sample size
>
> SZ=function(p, z, s) {
+   n=z^2*p*(1-p)/s^2
+   return(n)
+                       }
> SZ(0.5, 1.96, 0.03)
[1] 1067.111
>
```

예제 2 표준점수 구하기

표준점수는 관측값이 평균으로부터 떨어진 정도를 나타내는 측도로, 이를 통해 자료의 상대적 위치를 찾을 수 있다(관측값의 표준점수 합계는 0이다).

• 공식: $z_i=(x_i-\bar{x})/s_x$

10명의 체중을 측정한 후 표준점수를 구하는 함수(ZC)를 작성하라.

※ 출력된 ZC_sum의 e는 10을 의미한다. 즉, 4.551914e-15=4.551914$\times 10^{-15}$

```
R Console

> ## Z score
>
> ZC=function(d) {
+   m=mean(d)
+   s=sd(d)
+   z=(d-m)/s
+   return(z)
+                 }
> d=c(72, 65, 77, 80, 73, 75, 64, 85, 70, 77)
> ZC(d)
 [1] -0.2778931 -1.3585885  0.4940322  0.9571874 -0.1235080  0.1852621 -1.5129736
 [8]  1.7291126 -0.5866632  0.4940322
> ZC_sum=sum(ZC(d))
> ZC_sum
[1] 4.551914e-15
> |
```

6) R 기본 프로그램 (조건문과 반복문)

R에는 실행의 흐름을 선택하는 조건문, 같은 문장을 여러 번 반복하는 반복문이 있다. 먼저, 조건문의 사용 형식은 다음과 같다. 연산자[같다(==), 다르다(!=), 크거나 같다 (>=), 크다(>), 작거나 같다(<=), 작다(<)]를 사용하여 조건식을 작성한다.

```
if(조건식) {
〈조건이 참일 때 실행되는 계산식〉
            }
else {
〈조건이 거짓일 때 실행되는 계산식〉
     }
```

예제 3 조건문 사용

10명의 체중을 저장한 벡터 x에 대해 '1'일 경우 평균을 출력하고, '1'이 아닐 경우 표준편차를 출력하는 함수(F)를 작성하라.

```
R Console

> ## conditional statement
>
> x=c(75, 78, 80, 67, 72, 86, 62, 90, 84, 70)
> F=function(a){
+   if(a==1) { result=mean(x)
+             return(result)
+           }
+   else {
+             result=sd(x)
+             return(result)
+         }
+             }
> F(1)
[1] 76.4
> F(5)
[1] 8.871928
> |
```

반복문의 사용 형식은 다음과 같다. for반복문에 사용되는 '횟수'는 '벡터 데이터'나 'n: 반복횟수'를 나타낸다.

```
for(루프변수 in 횟수) {
    실행문
                        }
```

예제 4 반복문 사용
1에서 정해진 숫자까지의 합을 구하는 함수(F)를 작성하라.

```
R Console

> ## iteration(loop) statement
>
> F=function(a){
+    result=0
+    for(i in 1:a){
+    result=result+i
+                   }
+    return(result)
+                }
> F(100)
[1] 5050
> F(50000)
[1] 1250025000
> F(2023)
[1] 2047276
>
```

7) R 데이터 프레임의 변수 이용방법

(1) '데이터$변수'의 활용

> install.packages('foreign'): 외부 데이터를 읽어들이는 패키지 설치

> library(foreign): foreign 패키지 로딩

> install.packages('catspec'): 분할표를 지원하는 패키지 설치

> library(catspec): catspec 패키지 로딩

> setwd("c:/Covid_AI"): 작업용 디렉터리를 지정

> Learning_data1=read.spss(file='covid_19_twitter_7variables_202312.sav', use.value.labels=T,use.missings=T,to.data.frame=T)

- Learning_data1에 'covid_19_twitter_7variables_202312.sav'을 할당

> Learning_data2=read.spss(file='Covid_cbr_7variables_2023_12.sav', use.value.labels=T,use.missings=T,to.data.frame=T)

- Learning_data2에 'Covid_cbr_7variables_2023_12.sav'을 할당

> t1=ftable(Learning_data1$Risk_Sentiment)

- 'Learning_data1' 데이터의 Risk_Sentiment 변수에 대한 빈도분석을 실시한 후 분할표를 t1변수에 할당

- ftable은 평면분할표를 생성하는 함수임

> ctab(t1,type=c('n','r')): 'Learning_data1' 데이터의 Risk_Sentiment 변수의 빈도와 행%를 화면에 출력

(2) attach(데이터) 함수의 활용

> attach(Learning_data2): attach 이후 명령문의 실행 데이터를 'Learning_data2'로 고정

> t2=ftable(Risk_Sentiment): 'Learning_data2' 데이터의 Risk_Sentiment 변수에 대한 빈도분석을 실시한 후, 분할표를 t2변수에 할당

> ctab(t2,type=c('n','r'))

```
R Console                                                        _ □ ✕

> # variable usage($, attach)
>
> install.packages('foreign')
Installing package into 'C:/Users/AERO/Documents/R/win-library/3.6'
(as 'lib' is unspecified)
Warning message:
package 'foreign' is not available (for R version 3.6.3)
> library(foreign)
> install.packages('catspec')
Installing package into 'C:/Users/AERO/Documents/R/win-library/3.6'
(as 'lib' is unspecified)
Warning message:
package 'catspec' is not available (for R version 3.6.3)
> library(catspec)
> setwd("c:/Covid_AI")
> Learning_data1=read.spss(file='covid_19_twitter_7variables_202312.sav',
+  use.value.labels=T,use.missings=T,to.data.frame=T)
> Learning_data2=read.spss(file='Covid_cbr_7variables_2023_12.sav',
+  use.value.labels=T,use.missings=T,to.data.frame=T)
>
> t1=ftable(Learning_data1$Risk_Sentiment)
> ctab(t1,type=c('n','r'))
        Var1  Non_Risk      Risk

Count          64878.00 218629.00
Total %           22.88     77.12
>
```

```
R R Console                                                    [ - ] [ □ ] [ X ]
>
> #attach(Learning_data2)
> t2=ftable(Risk_Sentiment)
> ctab(t2,type=c('n','r'))
        Risk_Sentiment    Non_Risk          Risk

Count                    25011.00 202588.00
Total %                     10.99     89.01
>
> |
```

8) R 데이터 프레임 작성

R에서는 다양한 형태의 데이터 프레임을 작성할 수 있다. R에서 가장 많이 사용되는 데이터 프레임은 행과 열이 있는 이차원의 행렬(matrix) 구조이다. 데이터 프레임은 데이터셋으로 부르기도 하며 열은 변수, 행은 레코드로 명명하기도 한다.

(1) 벡터로부터 데이터 프레임 작성
data.frame( ) 함수를 사용한다.

> V0=1:10: 1~10의 수치를 V0벡터에 할당

> V1=c(2, 2, 3, 2, 4, 1, 2, 2, 3, 2): 10개의 수치를 V1벡터에 할당

> V2=c(2, 5, 1, 3, 5, 4, 2, 4, 1, 3): 10개의 수치를 V2벡터에 할당

> V3=c(1, 0, 0, 1, 0, 1, 0, 0, 0, 0): 10개의 수치를 V3벡터에 할당

> V4=c(3, 3, 3, 2, 4, 3, 4, 3, 4, 4): 10개의 수치를 V4벡터에 할당

> V5=c(3, 2, 5, 7, 6, 1, 7, 7, 5, 5): 10개의 수치를 V5벡터에 할당

> V6=c(1, 0, 0, 1, 0, 0, 1, 0, 0, 1): 10개의 수치를 V6벡터에 할당

> V7=c(1, 0, 1, 0, 0, 1, 0, 0, 0, 0): 10개의 수치를 V7벡터에 할당

> symptom_factor=data.frame(ID=V0,Symptomaticpatient=V1, Positivejudgment=V2, Negativejudgment=V3,Suspicious=V4,Fever=V5,Insomnia=V6,Respiratory=V7)

- 8개의(V0~V7) 벡터를 symptom_factor 데이터 프레임 객체에 할당

> symptom_factor: symptom_factor 데이터 프레임의 값을 화면에 출력

```
> # write from vector(data.frame)
>
> V0=1:10
> V1=c(2, 2, 3, 2, 4, 1, 2, 2, 3, 2)
> V2=c(2, 5, 1, 3, 5, 4, 2, 4, 1, 3)
> V3=c(1, 0, 0, 1, 0, 1, 0, 0, 0, 0)
> V4=c(3, 3, 3, 2, 4, 3, 4, 3, 4, 4)
> V5=c(3, 2, 5, 7, 6, 1, 7, 7, 5, 5)
> V6=c(1, 0, 0, 1, 0, 0, 1, 0, 0, 1)
> V7=c(1, 0, 1, 0, 0, 1, 0, 0, 0, 0)
> symptom_factor=data.frame(ID=V0,Symptomaticpatient=V1, Positivejudgment=V2,
+ Negativejudgment=V3,Suspicious=V4,Fever=V5,Insomnia=V6,Respiratory=V7)
> symptom_factor
   ID Symptomaticpatient Positivejudgment Negativejudgment Suspicious Fever Insomnia Respiratory
1   1                  2                2                1          3     3        1           1
2   2                  2                5                0          3     2        0           0
3   3                  3                1                0          3     5        0           1
4   4                  2                3                1          2     7        1           0
5   5                  4                5                0          4     6        0           0
6   6                  1                4                1          3     1        0           1
7   7                  2                2                0          4     7        1           0
8   8                  2                4                0          3     7        0           0
9   9                  3                1                0          4     5        0           0
10 10                  2                3                0          4     5        1           0
>
```

(2) 텍스트 파일로부터 데이터 프레임 작성

read.table( ) 함수를 사용한다.

> setwd("c:/Covid_AI"): 작업용 디렉터리 지정

> symptom_factor=read.table(file="symptom_data_frame.txt",header=T)

- symptom_factor 객체에 'symptom_data_frame.txt' 파일을 데이터 프레임으로 할당

> symptom_factor: symptom_factor 객체의 값을 화면에 출력

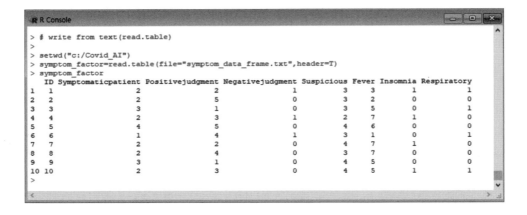

```
> # write from text(read.table)
>
> setwd("c:/Covid_AI")
> symptom_factor=read.table(file="symptom_data_frame.txt",header=T)
> symptom_factor
   ID Symptomaticpatient Positivejudgment Negativejudgment Suspicious Fever Insomnia Respiratory
1   1                  2                2                1          3     3        1           1
2   2                  2                5                0          3     2        0           0
3   3                  3                1                0          3     5        0           1
4   4                  2                3                1          2     7        1           0
5   5                  4                5                0          4     6        0           0
6   6                  1                4                1          3     1        0           1
7   7                  2                2                0          4     7        1           0
8   8                  2                4                0          3     7        0           0
9   9                  3                1                0          4     5        0           0
10 10                  2                3                0          4     5        1           1
>
```

(3) 엑셀 파일로부터 데이터 프레임 작성

read_excel( ) 함수를 사용한다.

> setwd("c:/Covid_AI"): 작업용 디렉터리 지정

> install.packages('readxl'): 엑셀 파일을 읽어들이는 패키지 설치

> library(readxl): readxl 패키지 로딩

> symptom_factor=read_excel("symptom_frame.xls",sheet="symptom_frame", col_names=T)

- symptom_factor 객체에 'symptom_frame.xls'를 데이터 프레임으로 할당

- sheet="symptom_frame"은 읽어들일 Sheet의 이름을 지정

- col_names=T는 첫 번째 행(row)을 열(column)의 이름으로 사용할 경우 지정

> symptom_factor: symptom_factor 객체의 값을 화면에 출력

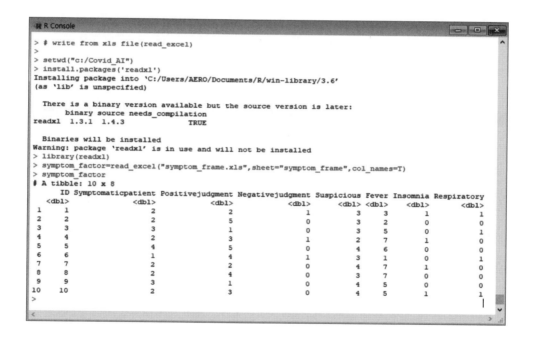

(4) SPSS 파일로부터 데이터 프레임 작성

read.spss( ) 함수를 사용한다.

> setwd("c:/Covid_AI"): 작업용 디렉터리 지정

> install.packages('foreign'): SPSS나 SAS 등 R 이외의 통계소프트웨어에서 작성한 외부
데이터를 읽어들이는 패키지 설치

> library(foreign): foreign 패키지 로딩

> symptom_factor=read.spss(file='symptom_dataframe.sav', use.value.
labels=T,use.missings=T,to.data.frame=T)

- symptom_factor 객체에 'symptom_dataframe.sav'를 데이터 프레임으로 할당

- file=' '는 데이터를 읽어들일 외부의 데이터 파일을 정의

- use.value.labels=T는 외부 데이터의 변수값에 정의된 레이블(label)을 R의 데이터 프레임의
변수 레이블로 정의

- use.missings=T는 외부 데이터 변수에 사용된 결측치의 포함 여부를 정의

- to.data.frame=T는 데이터 프레임으로 생성 여부를 정의

> symptom_factor: symptom_factor 객체의 값을 화면에 출력

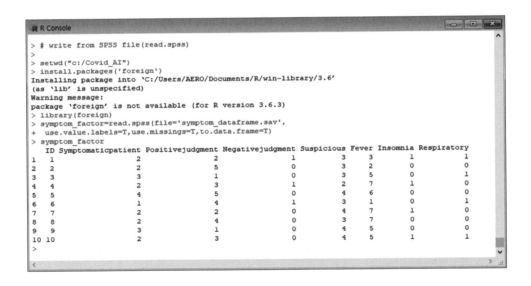

(5) 텍스트 파일로부터 데이터 프레임 출력하기

write.matrix( ) 함수를 사용한다.

> setwd("c:/Covid_AI"): 작업용 디렉터리 지정

> symptom_factor=read.table(file="symptom_data_frame.txt",header=T)

- symptom_factor 객체에 'symptom_data_frame.txt'를 데이터 프레임으로 할당

> symptom_factor: symptom_factor 객체의 값을 화면에 출력

> library(MASS): write.matrix( ) 함수를 사용하기 위한 패키지 로딩

> write.matrix(symptom_factor, "symptom_data_frame_w.txt")

- symptom_factor 객체를 'symptom_data_frame_w.txt' 파일에 출력

> symptom_factor_w= read.table('symptom_data_frame_w.txt',header=T)

- 'symptom_data_frame_w.txt' 파일을 읽어와 symptom_factor_w 객체에 저장

> symptom_factor_w: symptom_factor_w 객체의 값을 화면에 출력

```
R Console

> ## write data frame from text data(write.matrix)
>
> setwd("c:/Covid_AI")
> symptom_factor=read.table(file="symptom_data_frame.txt",header=T)
> symptom_factor
   ID Symptomaticpatient Positivejudgment Negativejudgment Suspicious Fever Insomnia Respiratory
1   1                  2                2                1          3     3        1           1
2   2                  2                5                0          3     2        0           0
3   3                  3                1                0          3     5        0           1
4   4                  2                3                1          2     7        1           0
5   5                  4                5                0          4     6        0           0
6   6                  1                4                1          3     1        0           1
7   7                  2                2                0          4     7        1           0
8   8                  2                4                0          3     7        0           0
9   9                  3                1                0          4     5        0           0
10 10                  2                3                0          4     5        1           1
> library(MASS)
> write.matrix(symptom_factor, "symptom_data_frame_w.txt")
> symptom_factor_w= read.table('symptom_data_frame_w.txt',header=T)
> symptom_factor_w
   ID Symptomaticpatient Positivejudgment Negativejudgment Suspicious Fever Insomnia Respiratory
1   1                  2                2                1          3     3        1           1
2   2                  2                5                0          3     2        0           0
3   3                  3                1                0          3     5        0           1
4   4                  2                3                1          2     7        1           0
5   5                  4                5                0          4     6        0           0
6   6                  1                4                1          3     1        0           1
7   7                  2                2                0          4     7        1           0
8   8                  2                4                0          3     7        0           0
9   9                  3                1                0          4     5        0           0
10 10                  2                3                0          4     5        1           1
>
> |
```

(6) 파일 합치기 [변수(column) 합치기]

write.matrix( )와 cbind( ) 함수를 사용한다.

> setwd("c:/Covid_AI"): 작업용 디렉터리 지정

> symptom_factor=read.table(file="symptom_data_frame.txt",header=T)

- symptom_factor 객체에 'symptom_data_frame.txt'를 데이터 프레임으로 할당

> symptom_factor1=read.table(file="symptom_data_frame1.txt",header=T)

- symptom_factor1 객체에 'symptom_data_frame1.txt'를 데이터 프레임으로 할당

> symptom_factor: symptom_factor 객체 값을 화면에 출력

> symptom_factor1: symptom_factor1 객체 값을 화면에 출력

> symptom_factor_ac=cbind(symptom_factor,symptom_factor1$Asymptomatic)

- symptom_factor와 symptom_factor1의 정해진 변수(Asymptomatic)를 합쳐 symptom_factor_ac에 저장

> symptom_factor_ac: symptom_factor_ac 객체 값을 화면에 출력

> symptom_factor_ac=cbind(symptom_factor,symptom_factor1)

- symptom_factor와 symptom_factor1의 전체 변수를 합쳐 symptom_factor_ac에 저장

> write.matrix(symptom_factor_ac, "symptom_factor_ac.txt")

- symptom_factor_ac 객체를 'symptom_factor_ac.txt' 파일에 출력

(7) 파일 합치기 [Record(row) 합치기]

write.matrix( )와 rbind( ) 함수를 사용한다.

> setwd("c:/Covid_AI")

> symptom_factor=read.table(file="symptom_data_frame.txt",header=T)

> symptom_factor2=read.table(file="symptom_data_frame2.txt",header=T)

> symptom_factor_ar=rbind(symptom_factor,obesity_factor2)

- symptom_factor 데이터 파일에 symptom_factor2의 record를 추가해 symptom_factor_ar에 저장

> symptom_factor_ar

> write.matrix(symptom_factor_ar, "symptom_factor_ar.txt")

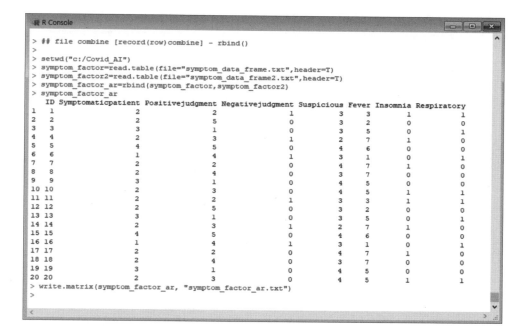

(8) 파일 Merge (동일한 ID 합치기)

write.matrix( )와 merge( ) 함수를 사용한다.

> setwd("c:/Covid_AI")

> symptom_factor=read.table(file="symptom_data_frame.txt",header=T)

> symptom_factor3=read.table(file="symptom_data_frame3.txt",header=T)

> symptom_factor_m=merge(symptom_factor, symptom_factor3,by='ID')

- id unique. 동일한 ID를 가진 symptom_factor 데이터와 symptom_factor3 데이터를
merge하여 symptom_factor_m에 저장

> symptom_factor_m

> write.matrix(symptom_factor_m, "symptom_factor_m.txt")

- 동일한 ID(2, 3, 4, 6, 8, 9)만 merge된 것을 알 수 있음

```
R Console
> ## file merge - merge()
>
> library(MASS)
> setwd("c:/Covid_AI")
> symptom_factor=read.table(file="symptom_data_frame.txt",header=T)
> symptom_factor3=read.table(file="symptom_data_frame3.txt",header=T)
> symptom_factor_m=merge(symptom_factor,symptom_factor3,by='ID') # id unique
> symptom_factor_m
  ID Symptomaticpatient Positivejudgment Negativejudgment Suspicious Fever Insomnia Respiratory
1  2                  2                5                0          3     2        0           0
2  3                  3                1                0          3     5        0           1
3  4                  2                3                1          2     7        1           0
4  6                  1                4                1          3     1        0           1
5  8                  2                4                0          3     7        0           0
6  9                  3                1                0          4     5        0           0
  Cold Sorethroat Digestive Musclepain Depression Asymptomatic Dying
1    2          5         0          3          2            0     0
2    3          1         0          3          5            0     1
3    2          3         1          2          7            1     0
4    1          4         1          3          1            0     1
5    2          4         0          3          7            0     0
6    3          1         0          4          5            0     0
> write.matrix(symptom_factor_m, "symptom_factor_m.txt")
>
> |
```

9) 변수 및 관찰치 선택

변수를 선택할 때는 다음과 같이 입력한다.

> setwd("c:/Covid_AI")

> symptom_factor=read.table(file="symptom_data_frame.txt",header=T)

> symptom_factor

> attach(symptom_factor)

> symptom_factor_v=data.frame(ID,Symptomaticpatient,Suspicious,Respiratory)

- symptom_factor에서 정해진 변수(ID,Symptomaticpatient,Suspicious,Respiratory)만 선택해 symptom_factor_v에 저장

> symptom_factor_v

> write.matrix(symptom_factor_v, "symptom_factor_vw.txt")

```
R Console                                                                    [_][□][x]
> ## variable and value selection
> # variable selection
>
> setwd("c:/Covid_AI")
> symptom_factor=read.table(file="symptom_data_frame.txt",header=T)
> symptom_factor
   ID Symptomaticpatient Positivejudgment Negativejudgment Suspicious Fever Insomnia Respiratory
1   1                  2                2                1          3     3        1           1
2   2                  2                5                0          3     2        0           0
3   3                  3                1                0          3     5        0           1
4   4                  2                3                1          2     7        1           0
5   5                  4                5                0          4     6        0           0
6   6                  1                4                1          3     1        0           1
7   7                  2                2                0          4     7        1           0
8   8                  2                4                0          3     7        0           0
9   9                  3                1                0          4     5        0           0
10 10                  2                3                0          4     5        1           1
> #attach(symptom_factor)
> symptom_factor_v=data.frame(ID,Symptomaticpatient,Suspicious,Respiratory)
> symptom_factor_v
   ID Symptomaticpatient Suspicious Respiratory
1   1                  2          3           1
2   2                  2          3           0
3   3                  3          3           1
4   4                  2          2           0
5   5                  4          4           0
6   6                  1          3           1
7   7                  2          4           0
8   8                  2          3           0
9   9                  3          4           0
10 10                  2          4           1
> write.matrix(symptom_factor_v, "symptom_factor_vw.txt")
>
```

관찰치를 선택할 때는 다음과 같이 입력한다.

```
> setwd("c:/Covid_AI")
> symptom_factor=read.table(file="symptom_data_frame.txt",header=T)
> symptom_factor
> attach(symptom_factor)
> symptom_factor_c=symptom_factor[symptom_factor$Insomnia!=0,]
```
- symptom_factor의 Insomnia 변수의 값이 0이 아닌 행만 선택하여 symptom_factor_c에 저장
```
# symptom_factor_c=symptom_factor[symptom_factor$Insomnia==1,]
> symptom_factor_c
> write.matrix(symptom_factor_c, "symptom_factor_cw.txt")
```

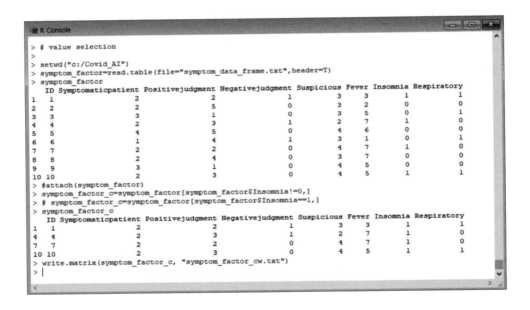

조건에 따른 row(record)를 추출할 때는 다음과 같이 입력한다.

```
> setwd("c:/Covid_AI")
> install.packages('dplyr'): 데이터 처리 패키지 설치
> library(dplyr)
> library(MASS)
```

> symptom_factor=read.table(file="symptom_data_frame.txt",header=T)

> f1=symptom_factor$Symptomaticpatient

> l1=symptom_factor$Suspicious

'Symptomaticpatient eq Suspicious' selection

> symptom_factor_cbr=filter(symptom_factor, f1==l1)

- 'Symptomaticpatient equal Suspicious'인 행만 추출해 symptom_factor_cbr에 저장

> symptom_factor_cbr

> write.matrix(symptom_factor_cbr,'symptom_factor_cbr.txt')

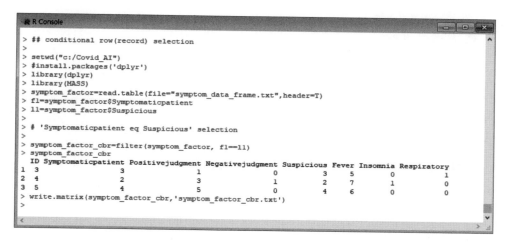

10) R의 주요 GUI(Graphic User Interface) 메뉴 활용

(1) 새 스크립트 작성: [File – New script]

스크립트는 R-편집기에서 작성한 후 필요한 스크립트를 R Console 화면으로 가져와
실행할 수 있다.

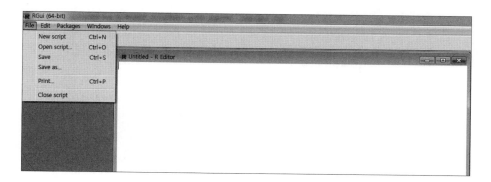

(2) 새 스크립트 저장: [File – Save as...]

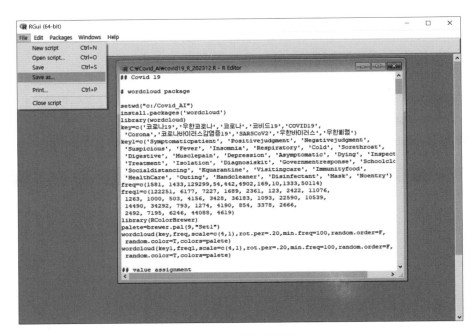

※ 본 장에 사용된 모든 스크립트는 'covid19_R_202312.R'에 저장된다.

(3) 새 스크립트 불러오기: [File – Open script...]

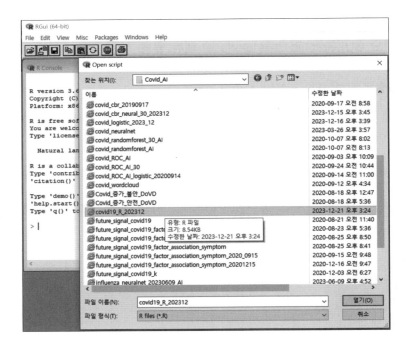

(4) 스크립트의 실행

스크립트 편집기에서 실행을 원하는 명령어를 선택한 후 'Ctrl + R '로 실행한다.

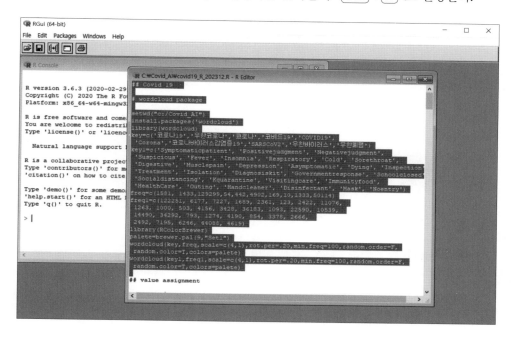

연습문제

1 다음 계산식에서 c의 출력값은 얼마인가?

```
> b=10*(20/100)
> a=b
> c=a*b^2
> c
```

2 다음 계산식에서 m의 출력값은 얼마인가?

```
> a=seq(10, 30, 5)
> m=mean(a)
> m
```

3 다음 함수에서 F의 출력값은 얼마인가?

```
> a=c(10, 20, 30, 40, 50)
> F=function(a) {
 r=a[2]*a[4]
 return(r)
        }
> F(a)
```

4 다음 함수에서 F의 출력값은 얼마인가?

```
> a=5
> b=3
> F=function(c) {
 if(c==a) {r=5*3
     return(r)}
 else {r=5+3
   return(r)}}
> F(4)
```

5 다음 함수에서 F의 출력값은 얼마인가?

```
> F=function(a){
 y=0
 for(i in 2:a){
 y=y+i^2
       }
 return(y)
       }
 F(5)
```

6 다음 계산식에서 c의 출력값은 얼마인가?

```
> a=seq(10, 50, 5)
> b=a[6]*a[8]
> c=b*a[2]
> c
```

7 다음 계산식에서 c의 출력값은 얼마인가?

```
> a1=c(10, 20, 30, 40, 50)
> a2=c(100, 200, 300, 400, 500)
> b=data.frame(b1=a1,b2=a2)
> attach(b)
> c=sum(b2)/mean(b1)
> c
```

8 다음 행렬 데이터 x의 요소값은 얼마인가?

```
> x=matrix(c(10,20,30,40,50,60,70,80),nrow=2,ncol=4)
> x[2,3]
```

9 다음 계산식에서 ar의 출력값은 얼마인가?

```
> a1=c(10, 20, 30, 40, 50, 60)
> a2=c(100, 200, 300, 400, 500, 600)
> c=cbind(a1,a2)
> b=1
> ar=function(a){
 y=0
 for(i in 1:a){
 y=y+a1[i]+a2[i+b]
       }
 return(y)
      }
> ar(5)
```

10 다음 계산식에서 c의 출력값은 얼마인가?

```
> a1=c(10, 20, 30, 40, 50)
> b=data.frame(b1=a1)
> attach(b)
> c=var(b1)*(length(b1)-1)/length(b1)
> c
```

ch 3

인공지능 개념과 학습방법[1]

1 인공지능 개념

인공지능(AI, Artificial Intelligence)은 인간의 지능으로 할 수 있는 사고, 학습, 자기계발 등을 컴퓨터가 할 수 있도록 하는 방법을 연구하는 컴퓨터 공학 및 정보기술의 한 분야로서, 컴퓨터가 인간의 지능적 행동을 모방할 수 있도록 하는 것을 말한다(위키백과, 2023. 12. 22). 기계학습 또는 머신러닝(ML, Machine Learning)은 경험을 통해 자동으로 개선하는 컴퓨터 알고리즘의 연구로 방대한 데이터를 분석해 '미래를 예측하는 기술'이자 인공지능의 한 분야이다(위키백과, 2023. 12. 22). 머신러닝의 목적은 기존의 데이터를 통해 학습시킨 후, 학습을 통해 알려진 속성(features)을 기반으로 새로운 데이터에 대한 예측값(labels)을 찾는 것이다. 즉, 머신러닝은 결과를 추론(inference)하기 위해 확률(probability)과 데이터를 바탕으로 스스로 학습하는 알고리즘을 말한다. 데이터마이닝(DM, Data Mining)은 대규모로 저장된 데이터 안에서 체계적이고 자동적으로 통계적 규칙을 분석하여 가치 있는 정보를 추출하는 과정이다(위키백과, 2023. 12. 22). 딥러닝(DL, Deep Learning)은 머신러닝의 알고리즘 중 은닉층이 많은 다층신

---

1 본 장의 일부 내용은 '송주영·송태민 (2018).《빅데이터를 활용한 범죄예측》. pp. 163–166'에서 발췌한 내용임을 밝힌다.

경망을 말한다. 즉, 인공지능은 최상위의 개념으로 인공지능을 개발하기 위해서 머신러닝, 딥러닝, 데이터마이닝을 실시한다[그림 3-1].

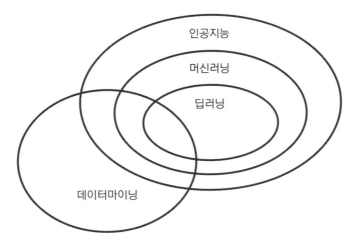

[그림 3-1] 인공지능, 머신러닝, 딥러닝, 데이터마이닝의 범위

2 │ 인공지능 학습방법

인공지능 개발을 위한 학습데이터의 용어정의(terminology)를 살펴보면 다음과 같다. Features는 데이터의 속성으로 Feature Vectors는 입력변수(독립변수)를 의미한다. Label은 데이터를 분류하는 것으로 Labels는 출력변수(종속변수)를 의미한다. 훈련데이터(training data)는 입력변수(feature vectors)와 출력변수(labels)를 포함하고 있는 데이터를 의미한다.

인공지능(머신러닝)의 학습방법은 크게 ①지도학습, ②비지도학습, ③강화학습으로 구분한다. 지도학습(supervised learning)은 훈련(학습)데이터[training(learning) data] 내에 입력변수와 출력변수가 있는 상태에서 입력변수와 출력변수를 참조하여 학습한다. 그리고 학습된 예측모형(인공지능)은 출력변수가 포함되지 않은 신규데이터를 입력받아 신규데이터에 포함된 입력변수만으로 예측된 출력변수(expected

labels)를 출력한다[그림 3-2]. 지도학습에 속하는 인공지능(머신러닝) 알고리즘으로
는 나이브 베이즈 분류모형(Naïve Bayes classification model), 로지스틱 회귀모형
(logistic regression model), 랜덤포레스트 모형(random forest model), 의사결정나무
모형(decision tree model), 신경망 모형(neural network model), 서포트벡터머신 모형
(support vector machine model) 등이 있다.

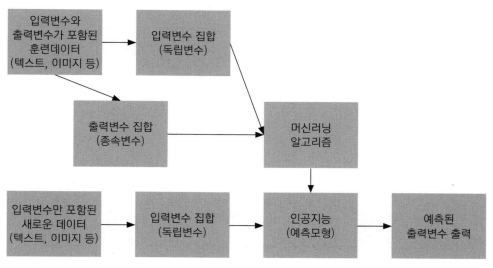

[그림 3-2] 지도학습 모델링

비지도학습(unsupervised learning)은 훈련데이터 내에 출력변수가 없는 상태에서
입력변수만 참조하여 학습한다. 그리고 학습된 예측모형(인공지능)은 출력변수가 포함
되지 않은 신규데이터를 입력받아 신규데이터에 포함된 입력변수만으로 예측된 출력
변수를 출력한다[그림 3-3]. 비지도학습 모형으로는 연관분석, 군집분석 등이 있다.

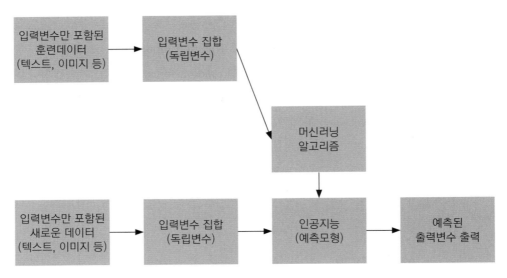

[그림 3-3] 비지도학습 모델링

강화학습(reinforcement learning)은 시행착오(trial and error)를 통해 보상(reward)을 받아 행동 패턴을 학습하는 과정을 모델링한다. 강화학습에서는 현재 상태(state)에서 입력을 받은 에이전트(agent)가 학습하여 생성된 규칙들 속에서 규칙을 선택한 다음 외부(environment)를 대상으로 행동(action)하면, 에이전트는 외부에서 보상(reward)을 얻을 수 있으며 이를 통해 학습기를 반복적으로 업데이트할 수 있다[그림 3-4].

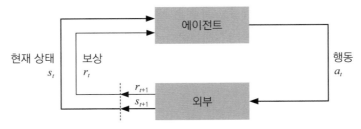

[그림 3-4] 강화학습 모델링

출처: https://www.analyticsvidhya.com/blog/2017/01/introduction-to-reinforcement-learning-implementation/

인공지능 개발을 위한 머신러닝의 장점은 다음과 같다. 첫째, 머신러닝은 대용량 데이터의 패턴을 자동으로 인지하고, 그동안 알려지지 않은 패턴을 사용하여 최상의 결과를 예측할 수 있는 자동화된 분석기법을 제공한다(Kevin P. Murphy, 2017). 둘째, 머신러닝 알고리즘을 적절하게 사용하면 로지스틱 회귀분석과 같은 전통적인 모수적 모델링(traditional parametric modeling)보다 예측성능(forecasting performance)이 우수할 수 있다. 특히 머신러닝 알고리즘은 예측요인(predictors)과 결과(outcome of interest) 사이에 복잡한 비선형 관계가 있을 때 더욱 유용하게 사용할 수 있다(Berk & Bleich, 2014). 셋째, 머신러닝 과정에서는 연구자가 각 연구주제의 각각의 변수가 최적의 성능(optimal performance)을 내도록 변수를 어떻게 조정(tune)할지 구체적인 세부사항에 대해 걱정할 필요가 없다. 따라서 머신러닝 알고리즘은 출력변수(output variable)를 예측하는 데 인간과의 상호작용을 최소화한다(Duwe & Kim, 2017).

3 | 인공지능 개발 시 고려사항

인공지능을 활용하여 예측모형을 개발하기 위해서는 다음의 상황을 고려해야 한다.

첫째, 입력변수와 출력변수의 척도(scale)를 결정해야 한다. 척도는 관찰대상이 지닌 속성의 질적 상태에 따라 값을 부여하는 것으로 크게 범주형 데이터(categorical data)와 연속형 데이터(continuous data)로 구분한다. 입력변수와 출력변수의 척도를 결정할 때 척도의 범주에 대해 충분한 빈도가 발생하여야 인공지능(머신러닝)이 학습할 수 있다.

예를 들어 출력변수의 척도가 연속형일 경우, 모집단에서 추출한 표본의 크기가 충분하지 않거나 변수 각각의 범주의 빈도가 충분하지 않다면 인공지능 예측 결과 해당 범주가 나타날 확률이 낮기 때문에 예측모형의 성능이 매우 떨어질 수 있다. 연속형 입력변수를 인공지능(머신러닝) 알고리즘에 적용할 경우, 학습에 사용된 다른 범주형 입력변수보다 출력변수의 예측에 큰 영향을 미칠 수 있어 연속형 입력변수가 출력변수를 예측하는 데 기여한 확률이 범주형 입력변수보다 과다 추정될 수 있다. 반면 연속형 입력변수를 범주형으로 변환하여 인공지능(머신러닝) 알고리즘에 적용할 경우,

그룹화로 인한 정보의 손실을 가지고 올 수 있으나 해당 범주(그룹)가 출력변수를 예측하는 데 기여한 확률을 추정할 수 있다. 따라서 입력변수와 출력변수의 범주는 발생빈도 등을 고려하여 범주형 척도로 결정할 수 있다.

둘째, 입력변수의 수를 고려해야 한다. 입력변수의 수가 많아지면 특정 변수에 대한 자료의 수가 상대적으로 작은 불균형 자료(unbalanced data)가 발생할 수 있어 예측성능이 떨어질 위험이 있다. 입력변수에 무응답(missing)이 많을 경우, 무응답을 측정값으로 대체(평균대체 등)하지 않고 무응답 자체를 변수화하여 학습데이터를 구성할 수 있다.

4 │ 인공지능 학습데이터

코로나19 정보확산 위험예측 인공지능을 개발하기 위한 학습데이터(learning data)로는 해당 기간(2020.2.1~2020.5.31)에 수집된 174만 6,347건의 트윗 문서 중 출력변수와 입력변수가 포함된 28만 3,507건의 문서를 대상으로 하였다. 전체 학습데이터에서 출력변수는 위험여부로 하였고 입력변수는 30개의 변수로 구성하였다[표 3-1].

[표 3-1] 인공지능 학습데이터 파일의 주요 항목

구분	변수명	내용
출력변수	위험여부(Risk_Sentiment)	0: 안심, 1: 위험
입력변수	확진자(Symptomaticpatient)	0: 없음, 1: 있음
	양성(Positivejudgment)	0: 없음, 1: 있음
	음성(Negativejudgment)	0: 없음, 1: 있음
	의심증상(Suspicious)	0: 없음, 1: 있음
	발열(Fever)	0: 없음, 1: 있음
	불면(Insomnia)	0: 없음, 1: 있음
	호흡곤란(Respiratory)	0: 없음, 1: 있음
	감기(Cold)	0: 없음, 1: 있음

구분	변수명	내용
입력변수	인후염(Sorethroat)	0: 없음, 1: 있음
	소화기증상(Digestive)	0: 없음, 1: 있음
	근육통(Musclepain)	0: 없음, 1: 있음
	우울(Depression)	0: 없음, 1: 있음
	무증상(Asymptomatic)	0: 없음, 1: 있음
	사망(Dying)	0: 없음, 1: 있음
	검사(Inspection)	0: 없음, 1: 있음
	치료(Treatment)	0: 없음, 1: 있음
	격리(Isolation)	0: 없음, 1: 있음
	진단키트(Diagnosiskit)	0: 없음, 1: 있음
	정부대응(Governmentresponse)	0: 없음, 1: 있음
	휴교(Schoolclosed)	0: 없음, 1: 있음
	사회적거리두기(Socialdistancing)	0: 없음, 1: 있음
	K방역(Kquarantine)	0: 없음, 1: 있음
	돌봄(Visitingcare)	0: 없음, 1: 있음
	면역식품(Immunityfood)	0: 없음, 1: 있음
	예방수칙(HealthCare)	0: 없음, 1: 있음
	야외활동(Outing)	0: 없음, 1: 있음
	손씻기(Handcleaner)	0: 없음, 1: 있음
	소독(Disinfectant)	0: 없음, 1: 있음
	마스크(Mask)	0: 없음, 1: 있음
	입국금지(Noentry)	0: 없음, 1: 있음

ch 4

인공지능 모델링[1]

1 나이브 베이즈 분류모형

나이브 베이즈 분류모형(Naïve Bayes classification model)은 조건부 확률(conditional probability)에 관한 법칙인 베이즈 정리(Bayes theorem)를 기반으로 한 분류기(classifier) 또는 학습방법을 말한다.

베이즈 정리[$P(A|B) = \dfrac{P(A,B)}{P(B)} = \dfrac{P(B|A) \times P(A)}{P(B)}$]는 사전확률(prior probability)에서 특정한 사건(event)이 일어날 경우 그 확률(probability)이 바뀔 수 있다는 뜻으로, 즉 '사후확률(posterior probability)은 사전확률(prior probability)을 통해 예측(prediction)할 수 있다'라는 의미에 근거하여 분류모형을 예측한다. 여기서 P(A|B)는 B가 발생했을 때 A가 발생할 확률, P(B|A)는 A가 발생했을 때 B가 발생할 확률, P(A,B)는 A와 B가 동시에 발생할 확률, P(A)는 A가 발생할 확률, P(B)는 B가 발생할 확률을 나타낸다. 나이브(Naïve)는 단순한(simple) 또는 어리석은(idiot)이라는 의미로, 나이브 베이즈(Naïve Bayes)에서는 분류를 쉽고 빠르게 하기 위해 분류기에 사용하는 속성(feature)들이 서로 확률적으로 독립(independent)이라고 가정하기 때문에

---

1 본 장의 일부 내용은 '송주영·송태민 (2018). 《빅데이터를 활용한 범죄예측》. pp. 169-219'에서 발췌한 내용임을 밝힌다.

확률적으로 독립이라는 가정(assumption)이 위반되는 경우에 오류(error)가 발생할 수 있다. 따라서 나이브 베이즈는 속성이 많은 데이터에 대해 속성 간의 연관관계를 고려하게 되면 복잡해지기 때문에 단순화하여 실시간 예측과 같이 빠르게 판단을 내릴 때 사용하며 스팸메일의 분류나 질병의 예측 분야에 많이 사용된다. 예를 들어, [표 4-1] 의 날씨 상태(outlook)에 따른 경기유무(play)에 대해 'play(A)가 yes일 때 outlook(B) 이 sunny일 확률'을 조건부 확률(conditional probability)로 계산하면 다음 식과 같다.

$$P(B \mid A) = \frac{P(B \cap A)}{P(A)} = P(outlook = sunny \mid play = yes)$$

$$= \frac{P(outlook = sunny \cap play = yes)}{P(play = yes)} = \frac{\frac{2}{14}}{\frac{9}{14}} = \frac{2}{9} \qquad \text{(식 4.1)}$$

그리고 'outlook(B)이 sunny일 때 play(A)가 yes일 확률'을 Naïve Bayes classification[$P(A \mid B) = \frac{P(B \mid A) \times P(A)}{P(B)}$]을 적용하면 다음 식과 같다.

$$P(play = yes \mid outlook = sunny) = \frac{P(outlook = sunny \mid play = yes)P(play = yes)}{P(outlook = sunny)}$$

$$= \frac{\frac{2}{9} \times \frac{9}{14}}{\frac{5}{14}} = \frac{2}{5} \qquad \text{(식 4.2)}$$

[표 4-1] 날씨 상태에 따른 경기 유무

outlook(B)	play(A)
rainy	no
rainy	no
sunny	no
sunny	no

outlook(B)	play(A)
sunny	no
overcast	yes
overcast	yes
overcast	yes
overcast	yes
rainy	yes
rainy	yes
rainy	yes
sunny	yes
sunny	yes

출처: Mitchell, Tom. M. (1997). *Machine Learning*. New York: McGraw-Hill., p.59.

 나이브 베이즈의 장점은 첫째, 지도학습 환경에서 매우 효율적으로 훈련할 수 있으며, 분류에 필요한 파라미터(parameter)를 추정하기 위한 훈련데이터가 매우 적어도 사용할 수 있다는 점이다. 둘째, 분류가 여러 개인 다중분류(multi-classification)에서 쉽고 빠르게 예측을 할 수 있다는 점이다. 단점은 첫째, 훈련데이터(training data)에는 없고 시험데이터(test data)에 있는 범주에서는 확률이 0으로 나타나 정상적인 예측이 불가능한 zero frequency(빈도가 0인 상태)가 된다는 것이다. 이러한 문제를 해결하기 위하여 각 분자에 +1을 해주는 라플라스 스무딩(Laplace smoothing) 방법을 사용한다. 둘째, 서로 확률적으로 독립이라는 가정이 위반되는 경우에 오류가 발생할 수 있다는 것이다.

코로나19 정보확산 위험(안심, 위험)을 예측하는 나이브 베이즈 분류모형은 다음과 같다.
R에서 나이브 베이즈 분류모형의 분석은 'e1071' 패키지를 사용한다.

> rm(list=ls( )): 모든 변수를 초기화
> setwd("c:/Covid_AI"): 작업용 디렉터리를 지정
> install.packages('MASS'): MASS 패키지 설치

> library(MASS): write.matrix( ) 함수 포함 MASS 패키지 로딩

> install.packages('e1071'): 나이브 베이즈 분류모형을 실시하는 e1071 패키지 설치

> library(e1071): e1071 패키지 로딩

> tdata = read.table('Covid_AI_N_30.txt',header=T)

- 학습데이터 파일(Covid_AI_N_30.txt)을 tdata 객체에 할당

- 지도학습으로 예측모형(모형함수)을 개발하려면 학습데이터에 포함된 출력변수(Risk_Sentiment)의 범주는 numeric format(Non_Risk=0, Risk=1)로 코딩되어야 함

> input=read.table('input_covid_AI_30.txt', header=T,sep=",")

- 입력변수(Symptomaticpatient, Positivejudgment, Negativejudgment, Suspicious, Fever, Insomnia, Respiratory, Cold, Sorethroat, Digestive, Musclepain, Depression, Asymptomatic, Dying, Inspection, Treatment, Isolation, Diagnosiskit, Governmentresponse, Schoolclosed, Socialdistancing, Kquarantine, Visitingcare, Immunityfood, HealthCare, Outing, Handcleaner, Disinfectant, Mask, Noentry)를 구분자(,)로 input 객체에 할당

> output=read.table('output_covid_AI.txt',header=T,sep=",")

- 출력변수(Risk_Sentiment)를 구분자(,)로 output 객체에 할당

> p_output=read.table('p_output_bayes.txt',header=T,sep=",")

- 나이브 베이즈 분류모형의 예측값(p_Non_Risk, p_Risk)을 구분자(,)로 p_output 객체에 할당

> input_vars = c(colnames(input))

- input 변수를 벡터값으로 input_vars 변수에 할당

> output_vars = c(colnames(output))

- output 변수를 벡터값으로 output_vars 변수에 할당

> p_output_vars = c(colnames(p_output))

- p_output 변수를 벡터값으로 p_output_vars 변수에 할당

> form = as.formula(paste(paste(output_vars, collapse = '+'),'~', paste(input_vars, collapse = '+')))

- 문자열을 결합하는 함수(paste)를 사용해 나이브 베이즈 분류모형의 함수식을 form 변수에 할당

> form: 나이브 베이즈 모형의 함수식 출력

> train_data.lda=naiveBayes(form,data=tdata)

- 전체(tdata) 데이터셋으로 나이브 베이즈 분류모형을 실행해 인공지능(분류기, 모형함수)을 만듦

train_data.lda=naiveBayes(form,data=tdata, laplace=1)

- training data에는 없고 test data에 있는 범주에서는 확률이 0으로 나타나 정상적 예측이 불가능한 zero frequency가 됨. 이러한 문제를 해결하기 위해 각 분자에 +1을 해주는 라플라스 스무딩 방법을 사용

> p=predict(train_data.lda, tdata, type='raw'): tdata 데이터셋으로 모형 예측을 실시해 예측집단(tdata 데이터셋의 입력변수만으로 예측된 출력변수의 분류집단)을 생성

> dimnames(p)=list(NULL,c(p_output_vars))

- 예측된 출력변수의 확률값을 p_Non_Risk(안심)와 p_Risk(위험) 변수에 할당

> summary(p)

- 출력변수(안심, 위험)의 예측확률값의 기술통계를 화면에 출력

> pred_obs = cbind(tdata, p)

- tdata 데이터셋에 p_Non_Risk와 p_Risk 변수를 추가(append)하여 pred_obs 객체에 할당

> write.matrix(pred_obs,'covid_modeling_naive.txt')

- pred_obs 객체를 'covid_modeling_naive.txt' 파일로 저장

> m_data = read.table('covid_modeling_naive.txt',header=T)

- covid_modeling_naive.txt 파일을 m_data 객체에 할당

> mean(m_data$p_Non_Risk): 안심 예측확률을 화면에 출력

> mean(m_data$p_p_Risk): 위험 예측확률을 화면에 출력

```
> library(e1071)
> tdata = read.table('Covid_AI_N_30.txt',header=T)
> input=read.table('input_covid_AI_30.txt',header=T,sep=",")
Warning message:
In read.table("input_covid_AI_30.txt", header = T, sep = ",") :
  incomplete final line found by readTableHeader on 'input_covid_AI_30.txt'
> output=read.table('output_covid_AI.txt',header=T,sep=",")
Warning message:
In read.table("output_covid_AI.txt", header = T, sep = ",") :
  incomplete final line found by readTableHeader on 'output_covid_AI.txt'
> p_output=read.table('p_output_bayes.txt',header=T,sep=",")
Warning message:
In read.table("p_output_bayes.txt", header = T, sep = ",") :
  incomplete final line found by readTableHeader on 'p_output_bayes.txt'
> input_vars = c(colnames(input))
> output_vars = c(colnames(output))
> p_output_vars = c(colnames(p_output))
> form = as.formula(paste(paste(output_vars, collapse = '+'),'~',
+   paste(input_vars, collapse = '+')))
> form
Risk_Sentiment ~ Symptomaticpatient + Positivejudgment + Negativejudgment +
    Suspicious + Fever + Insomnia + Respiratory + Cold + Sorethroat +
    Digestive + Musclepain + Depression + Asymptomatic + Dying +
    Inspection + Treatment + Isolation + Diagnosiskit + Governmentresponse +
    Schoolclosed + Socialdistancing + Kquarantine + Visitingcare +
    Immunityfood + HealthCare + Outing + Handcleaner + Disinfectant +
    Mask + Noentry
> train_data.lda=naiveBayes(form,data=tdata)
> p=predict(train_data.lda, tdata, type='raw')
> dimnames(p)=list(NULL,c(p_output_vars))
> summary(p)
   p_Non_Risk             p_Risk
 Min.   :0.0000000   Min.   :0.0000
 1st Qu.:0.0000068   1st Qu.:0.1438
 Median :0.0006828   Median :0.9993
 Mean   :0.3396124   Mean   :0.6604
 3rd Qu.:0.8562218   3rd Qu.:1.0000
 Max.   :1.0000000   Max.   :1.0000
> pred_obs = cbind(tdata, p)
> write.matrix(pred_obs,'covid_modeling_naive.txt')
> m_data = read.table('covid_modeling_naive.txt',header=T)
> mean(m_data$p_Non_Risk)
[1] 0.3396124
> mean(m_data$p_Risk)
[1] 0.6603876
```

해석 나이브 베이즈 분류모형에 대한 출력변수 안심(Non_Risk)의 평균 예측확률은 33.96%, 위험(Risk)의 평균 예측확률은 66.04%로 나타났다.

2 | 로지스틱 회귀모형

로지스틱 회귀모형(logistic regression model)은 입력변수는 양적 변수(quantitative variable)를 가지며, 출력변수는 다변량(multivariate)을 가지는 비선형 회귀모형을 말한다. 일반적으로 회귀모형의 적합도 검정은 잔차(residual)의 제곱합(sum of squares)을 최소화하는 최소자승법(method of least squares)을 사용하지만 로지스틱 회귀모형은 사건(event) 발생 가능성을 크게 하는 확률, 즉 우도비(likelihood)를 최대화하는 최대우도추정법(maximum likelihood method)을 사용한다. 로지스틱 회귀모형은 입력변수가 출력변수에 미치는 영향을 승산의 확률인 오즈비(odds ratio)로 검정한다. 따라서 출력변수의 범주가 (0, 1)인 이분형(binary, dichotomous) 로지스틱 회귀모형을 예측하기 위한 확률비율의 승산율에 대한 로짓모형(logit model)은 다음 식으로 나타난다.

$$\ln \frac{P(Y=1 \mid X)}{P(Y=0 \mid X)} = \beta_0 + \beta_1 X \qquad \text{(식 4.3)}$$

여기서 회귀계수는 승산율(odds ratio)의 변화를 추정하는 것으로 결과값에 엔티로그(inverse log)를 취하여 해석한다. 다항(multinomial, polychotomous) 로지스틱 회귀모형의 입력변수는 양적인 변수를 가지며, 출력변수는 범주가 3개 이상인 다항(multinomial)의 범주를 가진다.

코로나19 정보확산 위험(안심, 위험)을 예측하는 이분형 로지스틱 회귀모형은 다음과 같다.

```
> rm(list=ls( ))
> setwd("c:/Covid_AI")
> tdata = read.table('Covid_AI_N_30.txt',header=T)
> input=read.table('input_covid_AI_30.txt',header=T,sep=",")
> output=read.table('output_covid_AI.txt',header=T,sep=",")
> input_vars = c(colnames(input))
```

> output_vars = c(colnames(output))

> form = as.formula(paste(paste(output_vars, collapse = '+'),'~', paste(input_vars, collapse = '+')))

> form

> i_logistic=glm(form, family=binomial, data=tdata)

- 전체(tdata) 데이터셋으로 binary logistics regression 모형을 실행해 인공지능(분류기, 모형함수)을 만듦

> p_Risk=predict(i_logistic, tdata, type='response')

- tdata 데이터셋으로 모형 예측을 실시해 예측집단(tdata 데이터셋의 입력변수만으로 예측된 출력변수의 분류집단) 생성

> summary(p_Risk)

- 출력변수에서 위험(Risk)의 예측확률값의 기술통계를 화면에 출력

> pred_obs = cbind(tdata, p)

- tdata 데이터셋에 p_Risk 변수를 추가(append)해 pred_obs 객체에 할당

> write.matrix(pred_obs,'covid_modeling_logistic.txt')

- pred_obs 객체를 'covid_modeling_logistic.txt' 파일로 저장

```
R Console
> #2 logistic regression modeling
>
> rm(list=ls())
> setwd("c:/Covid_AI")
> tdata = read.table('Covid_AI_N_30.txt',header=T)
> input=read.table('input_covid_AI_30.txt',header=T,sep=",")
Warning message:
In read.table("input_covid_AI_30.txt", header = T, sep = ",") :
  incomplete final line found by readTableHeader on 'input_covid_AI_30.txt'
> output=read.table('output_covid_AI.txt',header=T,sep=",")
Warning message:
In read.table("output_covid_AI.txt", header = T, sep = ",") :
  incomplete final line found by readTableHeader on 'output_covid_AI.txt'
>
> input_vars = c(colnames(input))
> output_vars = c(colnames(output))
> form = as.formula(paste(paste(output_vars, collapse = '+'),'~',
+   paste(input_vars, collapse = '+')))
> form
Risk_Sentiment ~ Symptomaticpatient + Positivejudgment + Negativejudgment +
    Suspicious + Fever + Insomnia + Respiratory + Cold + Sorethroat +
    Digestive + Musclepain + Depression + Asymptomatic + Dying +
    Inspection + Treatment + Isolation + Diagnosiskit + Governmentresponse +
    Schoolclosed + Socialdistancing + Kquarantine + Visitingcare +
    Immunityfood + HealthCare + Outing + Handcleaner + Disinfectant +
    Mask + Noentry
> i_logistic=glm(form, family=binomial,data=tdata)
> p_Risk=predict(i_logistic,tdata,type='response')
> summary(p_Risk)
   Min. 1st Qu.  Median    Mean 3rd Qu.    Max.
0.05506 0.59394 0.84826 0.77116 0.97340 0.99996
> pred_obs = cbind(tdata, p_Risk)
> write.matrix(pred_obs,'covid_modeling_logistic.txt')
> |
```

해석 이분형 로지스틱 회귀모형에 대한 출력변수 안심(Non_Risk)의 평균 예측확률은 22.88%, 위험(Risk)의 평균 예측확률은 77.12%로 나타났다.

3 | 랜덤포레스트 모형

브라이만(Breiman, 2001)에 의해 제안된 랜덤포레스트(random forest)는 주어진 자료에서 여러 개의 예측모형을 만든 후, 그것을 결합하여 하나의 최종 예측모형을 만드는 머신러닝을 위한 앙상블(ensemble) 기법 중 하나다. 랜덤포레스트는 분류 정확도가 우수하고 이상치(outlier)에 둔감하며 계산이 빠르다는 장점이 있다(Jin & Oh, 2013).

최초의 앙상블 알고리즘은 브라이만(Breiman, 1996)이 제안한 배깅(Bagging, Bootstrap Aggregating)이다. 배깅은 의사결정나무의 단점인 '첫 번째 분리변수가 바뀌면 최종 의사결정나무가 완전히 달라져 예측력의 저하를 가져오고, 그와 동시에 예측모형의 해석을 어렵게 만드는' 불안정한(unstable) 학습방법을 제거함으로써 예측력을 향상시키기 위한 방법이다. 그러므로 주어진 자료에 대해 여러 개의 부트스트랩(bootstrap) 자료를 생성하여 예측모형을 만든 후 그것을 결합해 최종 모형을 만든다.

랜덤포레스트는 훈련자료에서 n개의 자료를 이용한 부트스트랩 표본을 생성하여 입력변수들 중 일부만 무작위로(randomly) 뽑아 의사결정나무를 생성하고, 그것을 선형결합(linear combination)하여 최종 학습기를 만든다. 랜덤포레스트에서는 변수에 대한 중요도 지수(importance index)를 제공하며, 특정 변수에 대한 중요도 지수는 특정 변수를 포함하지 않을 경우에 대하여 특정 변수에 포함할 때에 예측오차가 줄어드는 정도를 보여주는 것이다. 랜덤포레스트는 단노드(terminal node)가 있을 때 단노드의 과반수(majority)로 종속변수의 분류를 판정한다. 랜덤포레스트에서 Mean Decrease Accuracy(%IncMSE)는 가장 강건한 정보를 측정하는 것으로 정확도(accuracy)를 나타낸다. Mean Decrease Gini(IncNodePurity)는 최선의 분류를 위한 손실함수에 관한 것으로 중요도(importance)를 나타낸다.

```
> rm(list=ls( ))
> setwd("c:/Covid_AI")
> install.packages("randomForest"): 랜덤포레스트 패키지 설치
> library(randomForest)
> memory.size(22000)
```
- 현재 R 버전에서 사용하는 최대 메모리를 할당(2.2Gb)
```
> tdata = read.table('Covid_AI_N_30.txt',header=T)
> input=read.table('iinput_covid_AI_30.txt',header=T,sep=",")
> output=read.table('output_covid_AI.txt',header=T,sep=",")
> input_vars = c(colnames(input))
> output_vars = c(colnames(output))
> form = as.formula(paste(paste(output_vars, collapse = '+'),'~', paste(input_
vars, collapse = '+')))
> form
> tdata.rf = randomForest(form, data=tdata, forest=FALSE, importance=TRUE)
```
- 전체(tdata) 데이터셋으로 랜덤포레스트 모형을 실행하여 인공지능(분류기, 모형함수)을 만듦
```
> tdata.rf: 랜덤포레스트 모형의 결정계수(Var explained)를 출력
> p_Risk=predict(tdata.rf,tdata)
```
- tdata 데이터셋으로 모형 예측을 실시해 예측집단(tdata 데이터셋의 입력변수만으로 예측된 출력
변수의 분류집단)을 생성
```
> summary(p_Risk): 출력변수에서 위험(Risk)의 예측확률값의 기술통계를 화면에 출력
> pred_obs = cbind(tdata, p_Risk)
```
- tdata 데이터셋에 p_Risk 변수를 추가(append)해 pred_obs 객체에 할당
```
> write.matrix(pred_obs,'covid_modeling_randomforest.txt')
```
- pred_obs 객체를 'covid_modeling_randomforest.txt' 파일로 저장
```
> varImpPlot(tdata.rf, main='Random forest importance plot')
```
- 랜덤포레스트 예측 모델에 대한 중요도 그림을 화면에 출력

```
> tdata = read.table('Covid_AI_N_30.txt',header=T)
> input=read.table('input_covid_AI_30.txt',header=T,sep=",")
Warning message:
In read.table("input_covid_AI_30.txt", header = T, sep = ",") :
 incomplete final line found by readTableHeader on 'input_covid_AI_30.txt'
> output=read.table('output_covid_AI.txt',header=T,sep=",")
Warning message:
In read.table("output_covid_AI.txt", header = T, sep = ",") :
 incomplete final line found by readTableHeader on 'output_covid_AI.txt'
> input_vars = c(colnames(input))
> output_vars = c(colnames(output))
> form = as.formula(paste(paste(output_vars, collapse = '+'),'~',
+ paste(input_vars, collapse = '+')))
> form
Risk_Sentiment ~ Symptomaticpatient + Positivejudgment + Negativejudgment +
    Suspicious + Fever + Insomnia + Respiratory + Cold + Sorethroat +
    Digestive + Musclepain + Depression + Asymptomatic + Dying +
    Inspection + Treatment + Isolation + Diagnosiskit + Governmentresponse +
    Schoolclosed + Socialdistancing + Kquarantine + Visitingcare +
    Immunityfood + HealthCare + Outing + Handcleaner + Disinfectant +
    Mask + Noentry
> tdata.rf = randomForest(form, data=tdata ,forest=FALSE,importance=TRUE)
Warning message:
In randomForest.default(m, y, ...) :
  The response has five or fewer unique values.  Are you sure you want to do regres
> tdata.rf

Call:
 randomForest(formula = form, data = tdata, forest = FALSE, importance = TRUE)
               Type of random forest: regression
                     Number of trees: 500
No. of variables tried at each split: 10

          Mean of squared residuals: 0.1271617
                    % Var explained: 27.94
> p_Risk=predict(tdata.rf,tdata)
> summary(p_Risk)
   Min. 1st Qu.  Median    Mean 3rd Qu.    Max.
 0.0221  0.6036  0.8602  0.7711  0.9801  0.9999
> pred_obs = cbind(tdata, p_Risk)
> write.matrix(pred_obs,'covid_modeling_randomforest.txt')
> varImpPlot(tdata.rf, main='Random forest importance plot')
> |
```

해석 랜덤포레스트 모형에 대한 출력변수 안심(Non_Risk)의 평균 예측확률은 22.89%, 위험(Risk)의 평균 예측확률은 77.11%로 나타났다. 랜덤포레스트 모형에서 입력변수의 분산이 출력변수의 분산을 설명하는 결정계수(R^2, Var explained)는 27.94%로 나타났다.

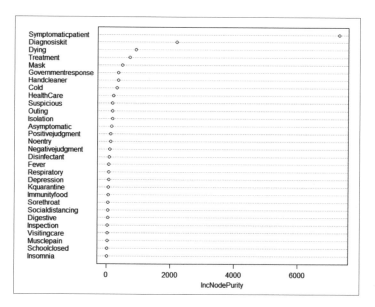

해석 랜덤포레스트의 중요도 그림(importance plot)에서 코로나19의 정보확산 위험예측(안심, 위험)에 가장 큰 영향을 미치는 입력변수는 Symptomaticpatient이며, 그 뒤를 이어 Diagnosiskit, Dying, Treatment, Mask, Governmentresponse, Handcleaner 순으로 중요한 요인으로 나타났다.

4 │ 의사결정나무 모형

의사결정나무 모형(decision tree model)은 결정규칙(decision rule)에 따라 나무구조로 도표화하여 분류(classification)와 예측(prediction)을 수행하는 방법으로, 판별분석(discriminant analysis)과 회귀분석(regression analysis)을 조합한 데이터마이닝(data mining) 기법이다. 데이터마이닝은 대량의 데이터 집합에서 유용한 정보를 추출하는 것으로(Hand et al., 2001), 의사결정나무 모형은 세분화(segmentation), 분류(classification), 군집화(clustering), 예측(forecasting) 등의 목적으로 사용하는 데 적합하다. 의사결정나무 모형의 장점은 나무 구조를 통해 어떤 예측변수가 목표변수를 설명하는 데 더 중요한지를 쉽게 파악할 수 있고, 2개 이상의 변수가 결합하여 목표변수(target variable)에 어떠한 영향을 주는지 쉽게 알 수 있다는 점이다(U.S.EPS, 2003).

> 코로나19 정보확산 위험(안심, 위험)을 예측하는 의사결정나무 모형은 다음과 같다.

```
> rm(list=ls( ))
> setwd("c:/Covid_AI")
> install.packages('party'):
> library(party)
> tdata = read.table('Covid_AI_N_30.txt',header=T)
> input=read.table('input_covid_AI_30.txt',header=T,sep=",")
> output=read.table('output_covid_AI.txt',header=T,sep=",")
> p_output=read.table('p_output_logistic.txt',header=T,sep=",")
> input_vars = c(colnames(input))
> output_vars = c(colnames(output))
> p_output_vars = c(colnames(p_output))
> form = as.formula(paste(paste(output_vars, collapse = '+'),'~', paste(input_vars, collapse = '+')))
> form
> i_ctree=ctree(form,tdata)
- 전체(tdata) 데이터셋으로 의사결정나무 모형을 실행해 인공지능(분류기, 모형함수)을 만듦
```

> p=predict(i_ctree,tdata)

- tdata 데이터셋으로 모형 예측을 실시해 예측집단(tdata 데이터셋의 입력변수만으로 예측된 출력변수의 분류집단)을 생성

> dimnames(p)=list(NULL,c(p_output_vars))

> summary(p)

- 출력변수에서 위험(Risk)의 예측확률값의 기술통계를 화면에 출력

> pred_obs = cbind(tdata, p)

- tdata 데이터셋에 p_Risk 변수를 추가해 pred_obs 객체에 할당

> write.matrix(pred_obs,'covid_modeling_decision.txt')

- pred_obs 객체를 'covid_modeling_decision.txt' 파일로 저장

> mydata=read.table('covid_modeling_decision.txt',header=T)

> mean(mydata$p_Risk)

```
R Console

> library(party)
> tdata = read.table('Covid_AI_N_30.txt',header=T)
> input=read.table('input_covid_AI_30.txt',header=T,sep=",")
Warning message:
In read.table("input_covid_AI_30.txt", header = T, sep = ",") :
  incomplete final line found by readTableHeader on 'input_covid_AI_30.txt'
> output=read.table('output_covid_AI.txt',header=T,sep=",")
Warning message:
In read.table("output_covid_AI.txt", header = T, sep = ",") :
  incomplete final line found by readTableHeader on 'output_covid_AI.txt'
> p_output=read.table('p_output_logistic.txt',header=T,sep=",")
Warning message:
In read.table("p_output_logistic.txt", header = T, sep = ",") :
  incomplete final line found by readTableHeader on 'p_output_logistic.txt'
> input_vars = c(colnames(input))
> output_vars = c(colnames(output))
> p_output_vars = c(colnames(p_output))
> form = as.formula(paste(paste(output_vars, collapse = '+'),'~',
+   paste(input_vars, collapse = '+')))
> form
Risk_Sentiment ~ Symptomaticpatient + Positivejudgment + Negativejudgment +
    Suspicious + Fever + Insomnia + Respiratory + Cold + Sorethroat +
    Digestive + Musclepain + Depression + Asymptomatic + Dying +
    Inspection + Treatment + Isolation + Diagnosiskit + Governmentresponse +
    Schoolclosed + Socialdistancing + Kquarantine + Visitingcare +
    Immunityfood + HealthCare + Outing + Handcleaner + Disinfectant +
    Mask + Noentry
> i_ctree=ctree(form,tdata)
> p=predict(i_ctree,tdata)
> dimnames(p)=list(NULL,c(p_output_vars))
> summary(p)
      p_Risk
 Min.   :0.0000
 1st Qu.:0.6036
 Median :0.8584
 Mean   :0.7712
 3rd Qu.:0.9776
 Max.   :1.0000
> pred_obs = cbind(tdata, p)
> write.matrix(pred_obs,'covid_modeling_decision.txt')
> mydata=read.table('covid_modeling_decision.txt',header=T)
> mean(mydata$p_Risk)
[1] 0.7711591
```

해석 의사결정나무 모형에 대한 출력변수 안심(Non_Risk)의 평균 예측확률은 22.88%, 위험(Risk)의 평균 예측확률은 77.12%로 나타났다.

5 신경망 모형

인공신경망(artificial neural network) 모형은 사람의 신경계(nervous system)와 같은 생물학적 신경망(biological neural network)의 작동방식을 기본 개념으로 가지는 인공지능 모형의 일종으로, 사람의 두뇌가 의사결정을 하는 형태를 모방하여 분류하는 모형이다. 사람의 신경망(neural network)은 250억 개의 신경세포로 구성되어 있으며, 신경세포는 1개의 세포체(cell body)와 세포체의 돌기인 1개의 축삭돌기(axon)와 여러 개의 수상돌기(dendrite)로 구성되어 있다. 신경세포 간의 정보교환은 시냅스(synapses)라는 연결부를 통해 이루어진다. 시냅스는 신경세포의 신호를 무조건 전달하는 것이 아니라, 신호 강도가 일정한 값(임계치, threshold) 이상이 되어야 신호를 전달한다. 즉 세포체는 수상돌기로부터 입력된 신호를 축적하여 임계치에 도달하면 출력신호를 축삭돌기에 전달하고 축삭돌기 끝단의 시냅스를 통해 이웃 뉴런에 전달한다[그림 4-1].

　　인공신경망은 인간의 두뇌구조를 모방한 지도학습법으로 여러 개의 뉴런(neuron)을 상호 연결하여 입력값에 대한 최적의 출력값을 예측한다. 즉 인공신경망은 두뇌의 기본 단위인 뉴런과 같이 학습데이터(learning data)로부터 신호를 받아 입력값이 특정 분계점(임계치, threshold)에 도달하면 출력을 발생한다[그림 4-2].

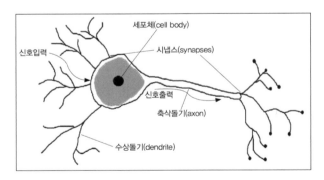

[그림 4-1] 생물학적 신경망

출처: https://cogsci.stackexchange.com/questions/7880/what-is-the-difference-between-biological-andartificial-neural-networks

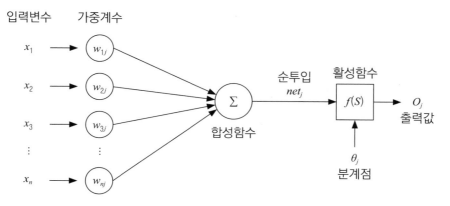

입력변수　　가중계수

[그림 4-2] 인공신경망

출처: https://commons.wikimedia.org/wiki/File:Artificial_neural_network.png

　　민스키와 페퍼트(Minsky & Papert, 1969)는 선형문제만을 풀 수 있는 퍼셉트론(perceptron)이란 단층신경망(single-layer neural network)에 은닉층(hidden layer)을 도입하여 일반화된 비선형함수(nonlinear function)로 분류가 가능함을 보였고, 루멜하트 등(Rumelhart et al., 1986)은 출력층의 오차(error)를 역전파(back propagation)하여 은닉층을 학습할 수 있는 역전파 알고리즘을 개발하였다. 딥러닝(deep learning)은 깊은 신경망을 만드는 것으로, 입력과 출력 사이에 많은 수의 숨겨진 레이어가 있는 다층신경망이다. 다층신경망(multilayer neural network)은 [그림 4-3]의 코로나19 위험 예측을 위한 다층신경망 사례와 같이 입력노드로 이루어진 입력층(input layer), 입력층의 노드들을 합성하는 중간노드들의 집합인 은닉층(hidden layer), 은닉층의 노드들을 합성하는 출력층(output layer)으로 구성된다.

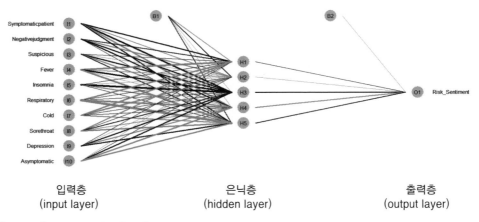

입력층
(input layer)

은닉층
(hidden layer)

출력층
(output layer)

[그림 4-3] 코로나19 위험예측 다층신경망

따라서 신경망의 출력노드(O1)는 집단(population)의 예측값($\hat{y}$)을 계산하는데 각 입력노드와 은닉노드 사이의 가중계수(weighted coefficient)를 선형결합(linear combination)하여 계산(computation)하게 된다.

신경망에서 선형결합된 함수를 합성함수(combination function 또는 transfer function)라고 부르며, 합성함수 값의 범위(range)를 조사(examine)하는 데 사용되는 함수를 활성함수(activation function)라 한다. 활성함수는 입력값(신호)이 특정 분계점(threshold)을 넘어서는 경우에 출력값(신호)을 생성해주는 함수로 합성함수의 값을 일정한 범위(-1, 0, 1)의 값으로 변환해주는 함수이다. 즉, 신경망은 입력값을 받아 합성함수를 만들고 활성함수를 이용하여 출력값을 발생시킨다. 활성함수 중 시그모이드(sigmoid) 함수($y = \dfrac{1}{1+e^{-x}}$)는 S자 모양의 함수로 입력값을 (0, 1) 사이의 값으로 변환(transformation)해주며, 입력변수의 값이 아주 크거나 작을 때 출력변수의 값에 거의 영향을 주지 않기 때문에 신경망의 학습알고리즘에 많이 사용된다. [그림 4-3]의 다층신경망의 예측값($\hat{y}$)의 산출식은 다음과 같다.

$$O_{H1} = f_{H1}(\sum_{i=1}^{10} w_{IiH1}I_i + w_{B1H1}) \qquad \text{(식 4.4)}$$

$$O_{H2} = f_{H2}(\sum_{i=1}^{10} w_{IiH2}I_i + w_{B1H2}) \qquad \text{(식 4.5)}$$

$$O_{H3} = f_{H3}(\sum_{i=1}^{10} w_{IiH3}I_i + w_{B1H3}) \qquad\qquad \text{(식 4.6)}$$

$$O_{H4} = f_{H4}(\sum_{i=1}^{10} w_{IiH4}I_i + w_{B1H4}) \qquad\qquad \text{(식 4.7)}$$

$$O_{H5} = f_{H5}(\sum_{i=1}^{10} w_{IiH5}I_i + w_{B1H5}) \qquad\qquad \text{(식 4.8)}$$

$$\hat{y} = f_{O1}(w_{H1O1}H1 + w_{H2O1}H2 + w_{H3O1}H3 + w_{H4O1}H4 + w_{H5O1}H5 + w_{B2O1}) \qquad \text{(식 4.9)}$$

여기서 $I1 \sim I10$은 입력노드, $H1 \sim H5$는 은닉노드, $O1$은 출력노드, $B1$과 $B2$는 선형모델에서의 편향노드(bias node), $w_{IiH1} \sim w_{IiH5}$는 입력노드와 은닉노드 연결(connection) 사이의 가중계수(weight coefficient), 'w_{B1H1}, w_{B1H2}, w_{B1H3}, w_{B1H4}, w_{B1H5}, w_{B2O1}'는 편향항(bias term), $f_{H1} \sim f_{H5}$는 은닉노드의 활성함수(activation function), f_{O1}는 출력노드의 활성함수, $O_{H1} \sim O_{H5}$는 은닉노드 $H1 \sim H5$에서 계산되는 출력값, $\hat{y}$는 비선형함수(nonlinear combination function)로 y의 추정값을 나타낸다. 따라서 다층신경망은 합성함수와 활성함수 등의 결합으로 근사(approximation)하기 때문에 분석의 과정이 보이지 않아 블랙박스(black box) 분석이라고도 한다.

다층신경망 모형을 설계할 경우 고려할 사항은 다음과 같다.

첫째, 입력변수 값의 범위를 결정해야 한다. 신경망 모형에 적합한 자료가 되기 위해 범주형 변수는 모든 범주에서 일정 빈도 이상의 값을 가져야 하며, 연속형 변수는 0과 1의 변수값을 가진 범주형 변수로 변환하여 사용할 수 있다.

둘째, 은닉층과 은닉노드의 수를 적절하게 결정해야 한다. 은닉층과 은닉노드의 수가 너무 많으면 가중계수가 너무 많아져 과적합(overfit)될 가능성이 있다. 따라서 신경망 모형을 모델링할 때 많은 경우 은닉층은 하나로 하고 은닉노드의 수를 충분히 하여, 은닉노드의 수를 하나씩 줄여가면서 분류 정확도(accuracy of classification)가 높으면서 은닉노드의 수가 적은 모형을 선택한다.

5-1 'nnet' 패키지 사용

코로나19 정보확산 위험(안심, 위험)을 예측하는 신경망 모형은 다음과 같다. R에서 신경망 모형의 분석은 'nnet' 패키지와 'neuralnet' 패키지를 사용하는데, 먼저 'nnet' 패키지의 경우를 살펴보자.

```
> rm(list=ls( ))
> setwd("c:/Covid_AI")
> install.packages("nnet")
> library(nnet)
> install.packages('MASS')
> library(MASS)
> tdata = read.table('Covid_AI_N_30.txt',header=T)
> input=read.table('input_covid_AI_30.txt',header=T,sep=",")
> output=read.table('output_covid_AI.txt',header=T,sep=",")
> input_vars = c(colnames(input))
> output_vars = c(colnames(output))
> form = as.formula(paste(paste(output_vars, collapse = '+'),'~',paste(input_vars, collapse = '+')))
> form
> tr.nnet = nnet(form, data=tdata, size=13)
```
: tdata 데이터셋으로 1개의 은닉층(hidden layer)에 13개의 은닉노드를 가진 신경망 모형을 실행해 인공지능(분류기, 모형함수)을 만듦

- 모형 실행 시 'converged(수렴되다)' 오류가 발생할 경우 반복 실행하면 인공지능(tr.nnet)을 만들 수 있음

```
> p_Risk=predict(tr.nnet, tdata, type='raw')
```
: tdata 데이터셋으로 모형 예측을 실시해 예측집단(tdata 데이터셋의 입력변수만으로 예측된 출력변수의 분류집단)을 생성

```
> mean(p_Risk)
> mydata=cbind(tdata, p_Risk)
```
- tdata 데이터셋에 p_Risk 변수를 추가해 mydata 객체에 할당

```
> write.matrix(mydata,'covid_modeling_neural.txt')
```
- mydata 객체를 'covid_modeling_neural.txt' 파일로 저장

```
> mydata=read.table('covid_modeling_neural.txt',header=T)
> mean(mydata$p_Risk)
```

```
R Console                                                                    [_][口][x]

> #5 neural networks modeling nnet
>
> rm(list=ls())
> setwd("c:/Covid_AI")
> install.packages("nnet")
Installing package into 'C:/Users/AERO/Documents/R/win-library/3.6'
(as 'lib' is unspecified)

  There is a binary version available but the source version is later:
     binary source needs_compilation
nnet 7.3-16 7.3-19                TRUE

  Binaries will be installed
trying URL 'https://cloud.r-project.org/bin/windows/contrib/3.6/nnet_7.3-16.zip'
Content type 'application/zip' length 137953 bytes (134 KB)
downloaded 134 KB

package 'nnet' successfully unpacked and MD5 sums checked

The downloaded binary packages are in
        C:\Users\AERO\AppData\Local\Temp\Rtmpq807zn\downloaded_packages
> library(nnet)
> install.packages('MASS')
Installing package into 'C:/Users/AERO/Documents/R/win-library/3.6'
(as 'lib' is unspecified)
Warning message:
package 'MASS' is not available (for R version 3.6.3)
> library(MASS)
> tdata = read.table('Covid_AI_N_30.txt',header=T)
> input=read.table('input_covid_AI_30.txt',header=T,sep=",")
Warning message:
In read.table("input_covid_AI_30.txt", header = T, sep = ",") :
  incomplete final line found by readTableHeader on 'input_covid_AI_30.txt'
> output=read.table('output_covid_AI.txt',header=T,sep=",")
Warning message:
In read.table("output_covid_AI.txt", header = T, sep = ",") :
  incomplete final line found by readTableHeader on 'output_covid_AI.txt'
─────────────────────────────────────────────────────────────────────────────
> input_vars = c(colnames(input))
> output_vars = c(colnames(output))
> form = as.formula(paste(paste(output_vars, collapse = '+'),'~',
+   paste(input_vars, collapse = '+')))
> form
Risk_Sentiment ~ Symptomaticpatient + Positivejudgment + Negativejudgment +
    Suspicious + Fever + Insomnia + Respiratory + Cold + Sorethroat +
    Digestive + Musclepain + Depression + Asymptomatic + Dying +
    Inspection + Treatment + Isolation + Diagnosiskit + Governmentresponse +
    Schoolclosed + Socialdistancing + Kquarantine + Visitingcare +
    Immunityfood + HealthCare + Outing + Handcleaner + Disinfectant +
    Mask + .Noentry
> tr.nnet = nnet(form, data=tdata, size=13)
# weights:  417
initial  value 128560.069508
final  value 64878.000000
converged
> tr.nnet = nnet(form, data=tdata, size=13)
# weights:  417
initial  value 113169.983337
final  value 64878.000000
converged
> tr.nnet = nnet(form, data=tdata, size=13)
# weights:  417
initial  value 53419.448945
iter  10 value 37040.391446
iter  20 value 36585.907769
iter  30 value 36353.674240
iter  40 value 36208.001893
iter  50 value 36135.528476
iter  60 value 36094.787986
iter  70 value 36056.310240
iter  80 value 36024.644702
iter  90 value 36003.971579
iter 100 value 35987.697883
final  value 35987.697883
stopped after 100 iterations
> p_Risk=predict(tr.nnet, tdata, type='raw')
> mean(p_Risk)
[1] 0.7719354
> mydata=cbind(tdata, p_Risk)
> write.matrix(mydata,'covid_modeling_neural.txt')
> mydata=read.table('covid_modeling_neural.txt',header=T)
```

해석 신경망 모형(nnet)에 대한 출력변수 안심(Non_Risk)의 평균 예측확률은 22.81%, 위험
(Risk)의 평균 예측확률은 77.19%로 나타났다.

```
> install.packages('NeuralNetTools')
```

- 'nnet' 패키지로 분석한 신경망 모형 그림을 화면에 출력하는 패키지 설치

```
> library(NeuralNetTools)
```

```
> plotnet(tr.nnet)
```

- 'nnet' 패키지로 분석한 신경망 모형 그림을 화면에 출력

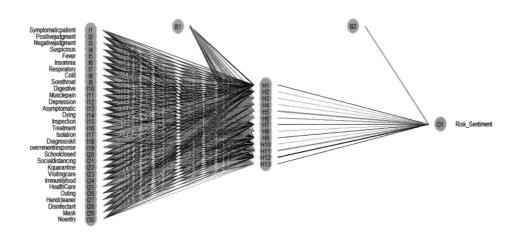

5-2 'neuralnet' 패키지 사용

이번에는 'neuralnet' 패키지를 사용하여 코로나19 정보확산 위험(안심, 위험)을 예측하는 신경망 모형을 분석해보자.

```
> rm(list=ls( ))
```

```
> setwd("c:/Covid_AI")
```

```
> install.packages('neuralnet')
```

```
> library(neuralnet)
```

```
> install.packages('MASS')
```

```
> library(MASS)
```

```
> tdata = read.table('covid_neural_2024_cbr_ok_N.txt',header=T)
```

- neuralnet 패키지를 사용해 원데이터(Covid_AI_N_30.txt)를 모델링할 경우, weight 연산에서 과다 시간이 소요되어 본 연구의 학습데이터로는 6장 3절에서 생성한 양질의 학습데이터인 'covid_neural_2024_cbr_ok_N.txt'을 사용함

> input=read.table('input_covid_AI_30.txt',header=T,sep=",")

> output=read.table('output_covid_AI.txt',header=T,sep=",")

> p_output=read.table('p_output_neuralnet.txt',header=T,sep=",")

> input_vars = c(colnames(input))

> output_vars = c(colnames(output))

> p_output_vars = c(colnames(p_output))

> form = as.formula(paste(paste(output_vars, collapse = '+'),'~', paste(input_vars, collapse = '+')))

> form

> net = neuralnet(form, tdata, hidden=9, lifesign = "minimal", linear.output = FALSE, threshold = 0.1)

- tdata 데이터셋으로 1개의 은닉층에 9개의 은닉노드를 가진 신경망 모형을 실행해 인공지능(분류기, 모형함수)을 만듦(1개의 은닉층을 가지는 neuralnet model의 학습시간은 총 3.62 시간이 소요됨)

> summary(net)

> plot(net)

- black line은 Layer와 connection 사이의 weight

- blue line은 각 step에서의 bias term

```
> library(neuralnet)
> memory.size(220000)
[1] 220000
> options(scipen=100)
> install.packages('MASS')
Installing package into 'C:/Users/AERO/Documents/R/win-library/3.6'
(as 'lib' is unspecified)
Warning message:
package 'MASS' is not available (for R version 3.6.3)
> library(MASS)
> tdata = read.table('covid_neural_2024_cbr_ok_N.txt',header=T)
> input=read.table('input_covid_AI_30.txt',header=T,sep=",")
Warning message:
In read.table("input_covid_AI_30.txt", header = T, sep = ",") :
  incomplete final line found by readTableHeader on 'input_covid_AI_30.txt'
> output=read.table('output_covid_AI.txt',header=T,sep=",")
Warning message:
In read.table("output_covid_AI.txt", header = T, sep = ",") :
  incomplete final line found by readTableHeader on 'output_covid_AI.txt'
> p_output=read.table('p_output_neuralnet.txt',header=T,sep=",")
Warning message:
In read.table("p_output_neuralnet.txt", header = T, sep = ",") :
  incomplete final line found by readTableHeader on 'p_output_neuralnet.txt'
> input_vars = c(colnames(input))
> output_vars = c(colnames(output))
> p_output_vars = c(colnames(p_output))
> form = as.formula(paste(paste(output_vars, collapse = '+'),'~',
+ paste(input_vars, collapse = '+')))
> form
Risk_Sentiment ~ Symptomaticpatient + Positivejudgment + Negativejudgment +
    Suspicious + Fever + Insomnia + Respiratory + Cold + Sorethroat +
    Digestive + Musclepain + Depression + Asymptomatic + Dying +
    Inspection + Treatment + Isolation + Diagnosiskit + Governmentresponse +
    Schoolclosed + Socialdistancing + Kquarantine + Visitingcare +
    Immunityfood + HealthCare + Outing + Handcleaner + Disinfectant +
    Mask + Noentry
> net = neuralnet(form, tdata, hidden=9,lifesign = "minimal",
+ linear.output = FALSE, threshold = 0.1)
hidden: 9    thresh: 0.1    rep: 1/1    steps:    56370  error: 4669.6837         time: 3.62 hours
> #summary(net)
> plot(net)
```

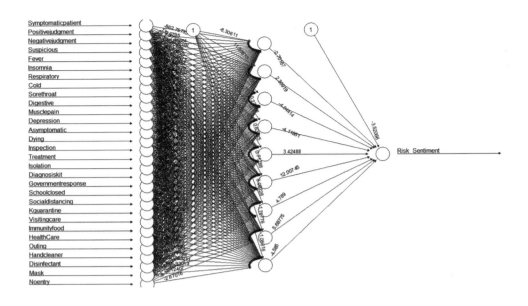

예측확률값 저장

> pred = net$net.result[[1]]: 예측확률값(real data)을 산출해 pred 변수에 할당

- net.result[[1]]은 예측확률값에서 얼마나 먼가에 대한 예측값으로 MSE(mean square error)를 사용

> dimnames(pred)=list(NULL,c(p_output_vars))

- pred matrix에 p_output_vars 할당

> summary(pred)

> pred_obs = cbind(tdata, pred): 예측확률값(p)을 tdata에 추가

> write.matrix(pred_obs,'covid_modeling_neuralnet.txt')

calculation of the predicted probability values

> mydata = read.table('covid_modeling_neuralnet.txt',header=T)

> mean(mydata$p_Risk): 평균 예측확률값 산출

```
R Console                                                        [□][□][×]
> pred = net$net.result[[1]]
> dimnames(pred)=list(NULL,c(p_output_vars))
> summary(pred)
      p_Risk
 Min.   :0.001465
 1st Qu.:0.999942
 Median :1.000000
 Mean   :0.896513
 3rd Qu.:1.000000
 Max.   :1.000000
> pred_obs = cbind(tdata, pred)
> write.matrix(pred_obs,'covid_modeling_neuralnet.txt')
> mydata = read.table('covid_modeling_neuralnet.txt',header=T)
> mean(mydata$p_Risk)
[1] 0.896513
> |
```

해석 'neuralnet' 패키지를 이용한 신경망 모형에 대한 출력변수 안심(Non_Risk)의 평균 예측 확률은 10.35%, 위험(Risk)의 평균 예측확률은 89.65%로 나타났다.

ROC curve 작성

> setwd("c:/Covid_AI")

> install.packages('ROCR'): ROC 곡선 생성 패키지 설치

> library(ROCR)

> par(mfrow=c(1,1))

- par( ) 함수는 그래픽 인수 조회나 설정에 사용

- mfrow=c(1,1): 한 화면에 1개(1*1) 플롯을 설정하는 데 사용

> pred_obs = read.table('covid_modeling_neuralnet.txt',header=T)

- 예측확률값(p_Risk)이 포함된 데이터 파일을 불러와 pred_obs 객체에 할당

> PO_c=prediction(pred_obs$p_Risk, pred_obs$Risk)

- 실제집단과 예측집단을 이용해 tdata Risk의 추정치를 예측

> PO_cf=performance(PO_c, "tpr", "fpr")

- ROC 곡선의 tpr(true positive rate)과 fpr(false positive rate) 생성

> auc_PO=performance(PO_c,measure="auc"): AUC 곡선의 성능 평가

> auc_PO@y.values: AUC 통계량 산출

> auc_neural=auc_PO@y.values: auc_PO@y.values 값을 auc_neural에 저장

> auc_neural=sprintf('%.2f',auc_neural): auc_neural 값을 소수점 두 자릿수로 지정

> plot(PO_cf,main='ROC curve for Covid 19 Risk Prediction Neuralnet Model')

- Title을 지정해 ROC 곡선을 그림

> legend('bottomright',legend=c('AUC=', auc_neural)): AUC 통계량을 범례에 포함

> abline(a=0, b=1): ROC 곡선의 기준선을 그림

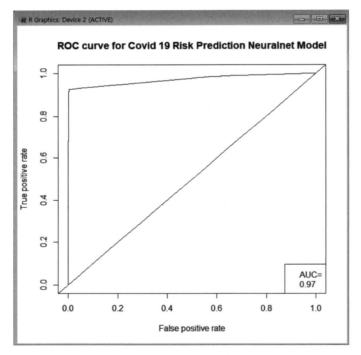

```
R Console

> # ROC curve
>
> setwd("c:/Covid_AI")
> install.packages('ROCR')
Installing package into 'C:/Users/AERO/Documents/R/win-library/3.6'
(as 'lib' is unspecified)
Warning: package 'ROCR' is in use and will not be installed
> library(ROCR)
> par(mfrow=c(1,1))
> pred_obs = read.table('covid_modeling_neuralnet.txt',header=T)
> PO_c=prediction(pred_obs$p_Risk, pred_obs$Risk)
> PO_cf=performance(PO_c, "tpr", "fpr")
> auc_PO=performance(PO_c,measure="auc")
> auc_neural=auc_PO@y.values
> auc_neural=sprintf('%.2f',auc_neural)
> plot(PO_cf,main='ROC curve for Covid 19 Risk Prediction Neuralnet Model')
> legend('bottomright',legend=c('AUC=',auc_neural))
> abline(a=0, b= 1)
> |
```

해석 ROC 곡선의 성능은 0.97(highly accurate)로 나타났다.

심층(deep) 신경망(은닉층이 2개 이상인 인공신경망) 구성

> net = neuralnet(form, tdata, hidden=c(7,5), lifesign = "minimal", linear.output = FALSE, threshold = 0.1)

- hidden=c(7,5)는 2개의 은닉층에 35(7×5)개의 은닉노드를 가진 신경망 구성

> plot(net, radius = 0.15, arrow.length = 0.15, fontsize = 12)

- 원의 크기, 화살표의 길이, 글자크기 조정

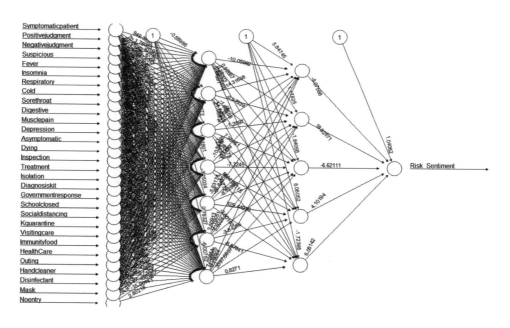

6 │ 서포트벡터머신 모형

서포트벡터머신(SVM, Support Vector Machine)은 코르테스와 바프닉(Cortes & Vapnik, 1995)이 제안한 지도학습 머신러닝의 일종으로 분류(classification)와 회귀(regression)에 모두 사용한다. 로지스틱 회귀는 입력값이 주어졌을 때 출력값에 대한 조건부 확률(conditional probability)을 추정하는 데 비해, SVM은 확률 추정(probability estimation)을 하지 않고 직접 분류 결과에 대한 예측만 한다. 따라서 빅데이터(모집단)에서 분류 효율 자체만을 보면 확률추정 방법들보다 전반적으로 예측력이 높다.

SVM은 [그림 4-4]와 같이 두 집단($y = 1, y = -1$)의 경계(boundary)를 통과하는 두 초평면(support vector)에서 두 집단 경계에 있는 데이터 사이의 거리 차(margin)가 최대(maximize margin)인[오분류(misclassification)를 최소화하는] 모형을 결정한다. 두 집단의 거리차(d)는 두 초평면 사이의 거리를 나타내며, 두 집단의 분류식은 다음과 같다.

$$f(x) = w \cdot x + w_0 \qquad\qquad \text{(식 4.10)}$$

여기서 w는 추정모수(estimation parameter), x는 입력값, $\cdot$는 벡터 기호로 $(w_1 x_1 + w_2 x_2 + \cdots + w_n x_n)$를 의미하며, w_0는 편향항(bias term), $f(x)$는 분류함수를 나타낸다.

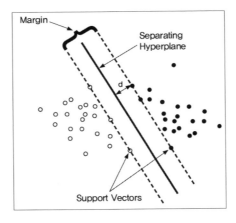

[그림 4-4] 서포트벡터머신 (선형 분류)

출처: https://cran.r-project.org/web/packages/e1071/vignettes/svmdoc.pdf

코로나19 정보확산 위험(안심, 위험)을 예측하는 서포트벡터머신 모형은 다음과 같다.
R에서 서포트벡터머신 모형의 분석은 'e1071' 패키지를 사용한다.

```
> rm(list=ls( ))
> setwd("c:/Covid_AI")
> library(e1071)
> library(caret)
> library(kernlab)
> tdata = read.table('Covid_AI_N_30.txt',header=T)
> input=read.table('input_covid_AI_30.txt',header=T,sep=",")
> output=read.table('output_covid_AI.txt',header=T,sep=",")
> input_vars = c(colnames(input))
> output_vars = c(colnames(output))
> form = as.formula(paste(paste(output_vars, collapse = '+'),'~', paste(input_
vars, collapse = '+')))
> form
> svm.model=svm(form,data=tdata,kernel='radial')
```
- 전체(tdata) 데이터셋으로 서포트벡터머신 모형을 실행해 인공지능(분류기, 모형함수)을 만듦
```
> summary(svm.model)
> p_Risk=predict(svm.model,tdata)
```
- tdata 데이터셋으로 모형 예측을 실시해 예측집단(tdata 데이터셋의 입력변수만으로 예측된 출력
변수의 분류집단)을 생성
```
> mean(p_Risk)
> mydata=cbind(tdata, p_Risk)
```
- tdata 데이터셋에 p_Risk 변수를 추가해 pred_obs 객체에 할당
```
> write.matrix(mydata,'covid_modeling_SVM.txt')
```

```
R Console                                                          [ _ ] [ □ ] [ × ]

> #6 support vector machines modeling
>
> rm(list=ls())
> setwd("c:/Covid_AI")
> library(e1071)
> library(caret)
Loading required package: lattice
Loading required package: ggplot2
> library(kernlab)

Attaching package: 'kernlab'

The following object is masked from 'package:ggplot2':

    alpha

The following object is masked from 'package:tictoc':

    size

> tdata = read.table('Covid_AI_N_30.txt',header=T)
> input=read.table('input_covid_AI_30.txt',header=T,sep=",")
Warning message:
In read.table("input_covid_AI_30.txt", header = T, sep = ",") :
  incomplete final line found by readTableHeader on 'input_covid_AI_30.txt'
> output=read.table('output_covid_AI.txt',header=T,sep=",")
Warning message:
In read.table("output_covid_AI.txt", header = T, sep = ",") :
  incomplete final line found by readTableHeader on 'output_covid_AI.txt'
> input_vars = c(colnames(input))
> output_vars = c(colnames(output))
> form = as.formula(paste(paste(output_vars, collapse = '+'),'~',
+   paste(input_vars, collapse = '+')))
> form
Risk_Sentiment ~ Symptomaticpatient + Positivejudgment + Negativejudgment +
    Suspicious + Fever + Insomnia + Respiratory + Cold + Sorethroat +
    Digestive + Musclepain + Depression + Asymptomatic + Dying +
    Inspection + Treatment + Isolation + Diagnosiskit + Governmentresponse +
    Schoolclosed + Socialdistancing + Kquarantine + Visitingcare +
    Immunityfood + HealthCare + Outing + Handcleaner + Disinfectant +
    Mask + Noentry
> svm.model=svm(form,data=tdata,kernel='radial')
> #summary(svm.model)
> p_Risk=predict(svm.model,tdata)
> tictoc()
Error in tictoc() : could not find function "tictoc"
> mean(p_Risk)
[1] 0.8272716
> mydata=cbind(tdata, p_Risk)
> write.matrix(mydata,'covid_modeling_SVM.txt')
> █
```

해석 서포트벡터머신 모형에 대한 출력변수 안심(Non_Risk)의 평균 예측확률은 17.27%, 위험
(Risk)의 평균 예측확률은 82.73%로 나타났다.

7 연관분석

연관분석(association analysis)은 대용량 데이터베이스에서 변수들 간의 의미 있는 관계를 탐색(search)하기 위한 방법으로 특별한 통계적 과정이 필요하지 않으며, 빅데이터에 숨어 있는 연관규칙(association rule)을 찾는 것이다. 예를 들면 연관분석은 '기저귀를 구매하는 남성이 맥주를 함께 구매한다'는 장바구니 분석 사례에서 활용되는 분석기법으로, 빅데이터의 변수(항목)도 장바구니 분석을 확장하여 적용할 수 있다.

빅데이터 분석에서 연관분석은 하나의 레코드에 포함된 둘 이상의 변수들에 대한 상호관련성을 발견하는 것으로, 동시에 발생한 어떤 변수들의 집합에 대해 조건과 연관규칙을 찾는 분석방법이다. 전체 문서에서 연관규칙의 평가 측도는 지지도(support), 신뢰도(confidence), 향상도(lift)로 나타낼 수 있다.

지지도는 전체 데이터에서 해당 연관규칙($X \rightarrow Y$)에 해당하는 레코드의 비율($s = \frac{n(X \cup Y)}{N}$)이며, 신뢰도는 변수 X를 포함하는 레코드 중에서 변수 Y도 포함하는 레코드의 비율($c = \frac{n(X \cup Y)}{n(X)}$)을 의미한다. 향상도는 변수 X가 주어지지 않았을 때 변수 Y의 확률 대비 변수 X가 주어졌을 때 변수 Y의 확률의 증가비율 ($l = \frac{c(X \rightarrow Y)}{s(Y)}$)로, 향상도가 클수록 변수 X의 발생 여부가 변수 Y의 발생 여부에 큰 영향을 미치게 된다. 따라서 지지도는 자주 발생하지 않는 규칙을 제거하는 데 이용되며, 신뢰도는 변수들의 연관성 정도를 파악하는 데 쓰일 수 있다. 향상도는 연관규칙($X \rightarrow Y$)에서 변수 X가 없을 때보다 있을 때 변수 Y가 발생할 비율을 나타낸다. 연관분석 과정은 연구자가 지정한 최소 지지도를 만족시키는 빈발항목집합(frequent item set)을 생성한 후, 이들에 대해 최저 신뢰도 기준을 마련하고 향상도가 1 이상인 것을 규칙으로 채택한다(Park, 2013).

빅데이터의 연관분석은 레코드에서 나타나는 변수(이항 데이터, 즉 레코드에서 나타나는 변수의 유무로 측정된 데이터)의 연관규칙을 찾는 것으로 선험적 규칙(apriori principle) 알고리즘(algorithm)을 사용한다. 아프리오리 알고리즘(apriori algorithm)은 1994년 아그라왈과 스리칸트(R. Agrawal & R. Srikant, 1994)가 제안하여 연관규칙 학습에 사용되고 있다.

빅데이터에서 선험적 알고리즘의 적용은 R의 arules 패키지의 apriori( ) 함수로 연관규칙을 찾을 수 있다. 빅데이터의 연관분석은 입력변수(예: 코로나19 위험에 영향을 미치는 변수) 간의 규칙을 찾는 방법과 입력변수와 출력변수(위험여부) 간의 규칙을 찾는 방법이 있다.

7-1 입력변수 간 연관분석

코로나19 위험에 영향을 미치는 입력변수(Symptomaticpatient~Noentry) 간의 연관분석 절차는 다음과 같다.

> rm(list=ls( ))

> setwd("c:/Covid_AI"): 작업용 디렉터리 지정

> install.packages("dplyr"): 데이터 처리를 위한 dplyr 패키지 설치

> library(dplyr): dplyr 패키지 로딩

> install.packages("arules"): arules 패키지 설치

> library(arules): arules 패키지 로딩

> covid=read.table(file='Covid_AI_N_30.txt',header=T)

- 코로나19 위험예측 학습테이터 파일을 covid 변수에 할당

> attach(covid)

> covid_asso=cbind(Symptomaticpatient,Positivejudgment,Negativejudgment,Suspicious,Fever,Insomnia,Respiratory,Cold,Sorethroat,Digestive,Musclepain,Depression,Asymptomatic,Dying,Inspection,Treatment,Isolation,Diagnosiskit,Governmentresponse,Schoolclosed,Socialdistancing,Kquarantine,Visitingcare,Immunityfood,HealthCare,Outing,Handcleaner,Disinfectant,Mask,Noentry)

- 코로나19 위험에 영향을 미치는 입력변수를 선택해 covid_asso 벡터로 할당

> covid_trans=as.matrix(covid_asso,"Transaction")

- covid_trans 변수를 0과 1의 값을 가진 matrix 파일로 변환해 covid_trans 변수에 할당

> rules1=apriori(covid_trans,parameter=list(supp=0.005, conf=0.01, target="rules"))

- 지지도 0.005, 신뢰도 0.01 이상인 규칙을 찾아 rule1 변수에 할당

> summary(rules1): 연관규칙에 대해 summary해 화면에 출력

> rules.sorted=sort(rules1, by="confidence"): 신뢰도를 기준으로 정렬

> inspect(rules.sorted): 신뢰도가 큰 순서로 정렬해 화면에 출력

- inspect( ) 함수는 lhs, rhs, support, confidence, lift, count 값을 출력

- lhs(left-hand-side)는 선항(antecedent)을 의미하며, rhs(right-hand-side)는 후항(consequent)을 의미

> rules.sorted=sort(rules1, by="lift"): 향상도를 기준으로 정렬

> inspect(rules.sorted): 향상도가 큰 순서로 정렬해 화면에 출력

> write(rules.sorted, file = "covid_association_factor.csv", sep = ",")

- 결과를 저장

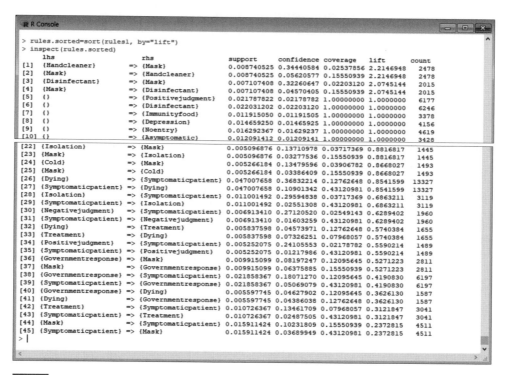

해석 코로나19 위험예측과 관련한 입력변수 간의 연관성 예측에서 {Handcleaner}=>{Mask} 두 변인의 연관성은 지지도 0.009, 신뢰도는 0.344, 향상도는 2.215로 나타났다. 이는 수집된 코로나19 관련 문서에서 'Handcleaner' 요인의 값이 '1'이면 Mask 요인의 값도 '1'이 될 확률이 34.4%이며, 'Handcleaner' 요인의 값이 '0'인 레코드보다 'Handcleaner' 요인의 값이 '1'일 때 Mask 요인의 값이 '1'이 될 확률이 약 2.21배 높아지는 것을 의미한다.

Mask subset

```
R Console

> ## Mask select
>
> covid_asso=cbind(Symptomaticpatient,Positivejudgment,Negativejudgment,
+ Suspicious,Fever,Insomnia,Respiratory,Cold,Sorethroat,Digestive,Musclepain,
+ Depression,Asymptomatic,Dying,Inspection,Treatment,Isolation,Diagnosiskit,
+ Governmentresponse,Schoolclosed,Socialdistancing,Kquarantine,Visitingcare,
+ Immunityfood,HealthCare,Outing,Handcleaner,Disinfectant,Mask,Noentry)
> covid_trans=as.matrix(covid_asso,"Transaction")
> rules1=apriori(covid_trans,parameter=list(supp=0.005,conf=0.01), appearance=list
+ (rhs=c("Mask"), default="lhs"),control=list(verbose=F))
> #summary(rules1)
> #rules.sorted=sort(rules1, by="confidence")
> #inspect(rules.sorted)
> rules.sorted=sort(rules1, by="lift")
> inspect(rules.sorted)
     lhs                      rhs       support     confidence coverage   lift      count
[1] {Handcleaner}         => {Mask} 0.008740525 0.34440584 0.02537856 2.2146948  2478
[2] {Disinfectant}        => {Mask} 0.007107408 0.32260647 0.02203120 2.0745144  2015
[3] {}                    => {Mask} 0.155509388 0.15550939 1.00000000 1.0000000 44088
[4] {Isolation}           => {Mask} 0.005096876 0.13710978 0.03717369 0.8816817  1445
[5] {Cold}                => {Mask} 0.005266184 0.13479596 0.03906782 0.8668027  1493
[6] {Governmentresponse}  => {Mask} 0.009915099 0.08197247 0.12095645 0.5271223  2811
[7] {Symptomaticpatient}  => {Mask} 0.015911424 0.03689949 0.43120981 0.2372815  4511
> write(rules.sorted, file = "covid_association_Mask.csv", sep = ",")
>
```

연관규칙의 네트워크 분석

> install.packages("igraph")

- igraph는 서로 연관이 있는 데이터를 연결해 그래프로 나타내는 패키지임

> library(igraph)

> rules = labels(rules1, ruleSep="/", setStart="", setEnd="")

- rules1 레코드의 값 중에 시작과 끝이 blank이면 /를 구분자로 label(표기)하여 rules 변수에
할당

> rules = sapply(rules, strsplit, "/", USE.NAMES=F)

- rules의 값 중 /를 기준으로 열별로 정리하여 rules 변수에 할당

> rules = Filter(function(x){!any(x == "")},rules)

- rules의 값이 blank가 아닌 값만 rules 변수에 할당

> rulemat = do.call("rbind", rules)

- rules 레코드를 합쳐(rbind) rulemat 변수에 할당

> rulequality = quality(rules1)

- rules1의 값을 rulequality 변수에 할당

> ruleg = graph.edgelist(rulemat,directed=F)

- rulemat 데이터의 구조를 행렬 형태로 변경하여 ruleg 변수에 할당

> ruleg = graph.edgelist(rulemat[-c(1:16),],directed=F)

- rulemat의 값을 ruleg 변수에 할당

> plot.igraph(ruleg, vertex.label=V(ruleg)$name, vertex.label.cex=0.9,vertex.
size=12,layout=layout.fruchterman.reingold.grid)

- 연관규칙의 시각화 실시

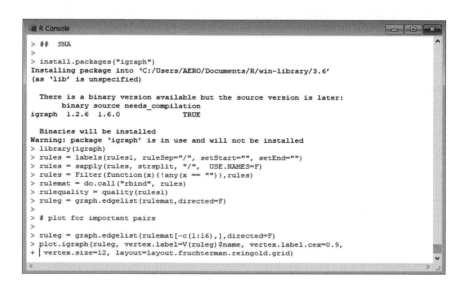

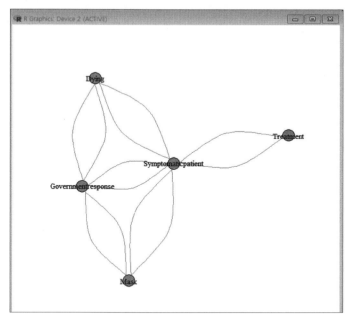

해석 연관규칙에 대한 네트워크 분석 결과는 상기 그림과 같다. 코로나19와 관련한 입력변수
는 Dying, Symptomaticpatient, Governmentresponse, Treatment, Mask 요인에 상호 연결
되어 있는 것으로 나타났다.

7-2 입력변수와 출력변수 간 연관분석

코로나19 위험에 영향을 미치는 입력변수(Symptomaticpatient~Noentry)와 출력변수 (Risk_Sentiment) 간의 연관분석 절차는 다음과 같다.

> rm(list=ls( ))

> setwd("c:/Covid_AI"): 작업용 디렉터리 지정

> install.packages("arules"): arules 패키지 설치

> library(arules): arules 패키지 로딩

> covid=read.table(file='Covid_AI_N_30.txt',header=T)

- 코로나19 위험예측 학습데이터 파일을 covid 변수에 할당

> attach(covid): covid 객체를 실행데이터로 고정

> covid_asso=cbind(Risk_Sentiment,Symptomaticpatient,Positivejudgment, Negativejudgment,Suspicious,Fever,Insomnia,Respiratory,Cold,Sorethroat, Digestive,Musclepain,Depression,Asymptomatic,Dying,Inspection,Treatmen t,Isolation,Diagnosiskit,Governmentresponse,Schoolclosed,Socialdistanc ing,Kquarantine,Visitingcare,Immunityfood,HealthCare,Outing,Handcleane r,Disinfectant,Mask,Noentry)

- 코로나19 위험에 영향을 미치는 입력변수를 선택해 covid_asso 벡터로 할당

> covid_trans=as.matrix(covid_asso,"Transaction")

> rules1=apriori(covid_trans,parameter=list(supp=0.005,conf=0.01),appeara nce=list(rhs=c("Risk_Sentiment"),default="lhs"),control=list(verbose=F))

- 지지도 0.005, 신뢰도 0.01 이상이면 rhs에 'Risk_Sentiment=1'인 규칙을 찾아 rule1 변수에 할당

> summary(rules1)

> rules.sorted=sort(rules1, by="confidence")

> inspect(rules.sorted)

> rules.sorted=sort(rules1, by="lift")

> inspect(rules.sorted)

> write(rules.sorted, file = "covid_association_factor1.csv", sep = ",")

```
R Console                                                                    [_][□][x]
> rules.sorted=sort(rules1, by="lift")
> inspect(rules.sorted)
     lhs                                      rhs               support     confidence coverage    lift      count
[1]  {Suspicious}                          => {Risk_Sentiment}  0.005925780 0.9946714  0.005957525 1.2898394   1680
[2]  {Symptomaticpatient,Dying}            => {Risk_Sentiment}  0.045896574 0.9763638  0.047007658 1.2660990  13012
[3]  {Symptomaticpatient}                  => {Risk_Sentiment}  0.419837958 0.9736280  0.431209811 1.2625515 119027
[4]  {Symptomaticpatient,Positivejudgment} => {Risk_Sentiment}  0.005079240 0.9670920  0.005252075 1.2540759   1440
[5]  {Symptomaticpatient,Negativejudgment} => {Risk_Sentiment}  0.006599484 0.9545918  0.006913410 1.2378663   1871
[6]  {Symptomaticpatient,Isolation}        => {Risk_Sentiment}  0.010486514 0.9531901  0.011001492 1.2360486   2973
[7]  {Symptomaticpatient,Governmentresponse} => {Risk_Sentiment} 0.020669684 0.9456188  0.021858367 1.2262306   5860
[8]  {Symptomaticpatient,Mask}             => {Risk_Sentiment}  0.014987284 0.9419198  0.015911424 1.2214338   4249
[9]  {Asymptomatic}                        => {Risk_Sentiment}  0.011043819 0.9133606  0.012091412 1.1843997   3131
[10] {Symptomaticpatient,Treatment}        => {Risk_Sentiment}  0.009717573 0.9059520  0.010726367 1.1747926   2755
[11] {Dying}                               => {Risk_Sentiment}  0.114060676 0.8937070  0.127626478 1.1589139  32337
[12] {Noentry}                             => {Risk_Sentiment}  0.013657511 0.8382767  0.016292367 1.0870347   3872
[13] {Positivejudgment}                    => {Risk_Sentiment}  0.018182973 0.8345475  0.021787822 1.0821989   5155
[14] {Isolation}                           => {Risk_Sentiment}  0.030736454 0.8268337  0.037173685 1.0721960   8714
[15] {Negativejudgment}                    => {Risk_Sentiment}  0.020528594 0.8053134  0.025491434 1.0442896   5820
[16] {Fever}                               => {Risk_Sentiment}  0.006595957 0.7920373  0.008327837 1.0270738   1870
[17] {}                                    => {Risk_Sentiment}  0.771159090 0.7711591  1.000000000 1.0000000 218629
[18] {Depression}                          => {Risk_Sentiment}  0.011132000 0.7593840  0.014659250 0.9847307   3156
[19] {Respiratory}                         => {Risk_Sentiment}  0.006320832 0.7398844  0.008542999 0.9594446   1792
[20] {Kquarantine}                         => {Risk_Sentiment}  0.010031498 0.6787589  0.014779177 0.8801802   2844
[21] {Governmentresponse}                  => {Risk_Sentiment}  0.078671779 0.6504141  0.120956449 0.8434240  22304
[22] {Mask}                                => {Risk_Sentiment}  0.098865284 0.6357512  0.155509388 0.8244099  28029
[23] {Governmentresponse,Mask}             => {Risk_Sentiment}  0.006218541 0.6271789  0.009915099 0.8132938   1763
[24] {Immunityfood}                        => {Risk_Sentiment}  0.007421334 0.6228538  0.011915050 0.8076852   2104
[25] {Disinfectant}                        => {Risk_Sentiment}  0.013523476 0.6138329  0.022031202 0.7959873   3834
[26] {HealthCare}                          => {Risk_Sentiment}  0.005421383 0.5765191  0.009403648 0.7476008   1537
[27] {Cold}                                => {Risk_Sentiment}  0.022161710 0.5672625  0.039067618 0.7355973   6283
[28] {Treatment}                           => {Risk_Sentiment}  0.044155858 0.5545374  0.079680572 0.7190960  12527
[29] {Handcleaner}                         => {Risk_Sentiment}  0.012518209 0.4932592  0.025378562 0.6396335   3549
[30] {Diagnosiskit}                        => {Risk_Sentiment}  0.017170652 0.3359558  0.051109849 0.4356505   4868
> write(rules.sorted, file = "covid_association_factor1.csv", sep = ",")
> |
```

해석 코로나19 관련 입력변수와 출력변수의 연관성 예측에서 신뢰도가 가장 높은 연관규칙은 {Suspicious}=> {Risk_Sentiment}이며 두 변인의 연관성은 지지도 0.005, 신뢰도 0.9947, 향상도 1.29로 나타났다. 이는 문서에서 'Suspicious'의 변수값이 '1'일 경우 위험(Risk_Sentiment=1)일 확률이 99.47%이며, 'Suspicious'의 변수값이 '0'인 문서보다 'Suspicious'의 변수값이 '1'일 때 위험일 확률이 1.29배 높아지는 것을 나타낸다.

연관규칙의 네트워크 분석

```
R Console                                                            [_][□][x]
> library(igraph)
> rules = labels(rules1, ruleSep="/", setStart="", setEnd="")
> rules = sapply(rules, strsplit, "/",   USE.NAMES=F)
> rules = Filter(function(x){!any(x == "")},rules)
> rulemat = do.call("rbind", rules)
> rulequality = quality(rules1)
> ruleg = graph.edgelist(rulemat,directed=F)
>
> # plot for important pairs
>
> ruleg = graph.edgelist(rulemat[-c(1:16),],directed=F)
> plot.igraph(ruleg, vertex.label=V(ruleg)$name, vertex.label.cex=0.9,
+   vertex.size=12, layout=layout.fruchterman.reingold.grid)
Warning message:
```

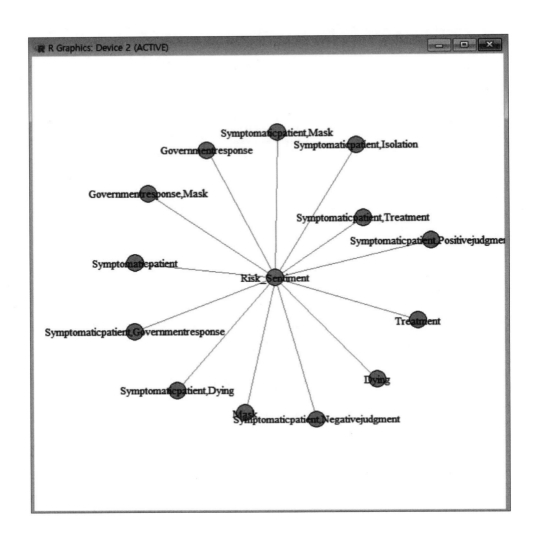

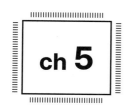

인공지능 모형 평가

인공지능 모형을 평가할 때는 학습데이터(learning data)를 훈련용 데이터(training data)와 시험용 데이터(test data)로 분할한 후, 훈련용 데이터로 학습하여 만들어진 인공지능[모형함수(model function)]을 시험용 데이터로 예측한 후, 실제집단(훈련용 데이터)의 출력변수와 예측집단(시험용 데이터로 예측된 데이터)의 출력변수를 비교하여 나타나는 분류 정확도(classification accuracy)를 이용한다. 인공지능 모형의 평가에는 오분류표를 활용한 모형 평가와 ROC 곡선을 활용한 모형 평가가 있다.

1 │ 오분류표를 활용한 모형 평가

오분류표(misclassification table)는 인공지능이 실제집단(훈련용 데이터)을 학습한 후, 예측집단[실제집단으로 학습한 인공지능(모형함수)이 시험용 데이터로 예측하여 생성되는 예측데이터]의 출력변수와 실제집단의 출력변수를 비교하여 나타내는 교차표(cross tabulation)를 말한다.

코로나19 정보확산 위험예측을 위한 인공지능 모형의 평가는 [표 5-1]과 같이 실제집단(practical group)의 출력변수(위험여부)와 예측집단(prediction group)의 출력변수(위험여부)를 비교하는 오분류표로 검정(test)할 수 있다.

[표 5-1] 오분류표 [코로나19 정보확산 위험여부(안심/위험) 예측]

Prediction group Practical group	0(Non_Risk)	1(Risk)
0(Non_Risk)	N_{00}	N_{01}
1(Risk)	N_{10}	N_{11}

* N: Total number of data

[표 5-1]의 분류모형의 평가지표는 다음과 같다

- 정확도(accuracy) $= (N_{00} + N_{11})/N$
  전체 데이터 중 바르게 분류된 비율[안심(0)을 안심(0)으로 위험(1)을 위험(1)으로 분류]
- 오류율(error rate) $= (N_{01} + N_{10})/N$
  전체 데이터 중 오분류된 비율
- 민감도(sensitivity) $= N_{11}/(N_{10} + N_{11})$
  실제 위험(1)인 레코드 중 예측도 위험(1)으로 분류된 자료의 비율(실제집단에서 위험인 레코드 중 예측집단에서도 위험으로 분류)
- 특이도(specificity) $= N_{00}/(N_{00} + N_{01})$
  실제 안심(0)인 레코드 중 예측도 안심(0)으로 분류된 자료의 비율(실제집단에서 안심인 레코드 중 예측집단에서도 안심으로 분류)
- 정밀도(precision) $= N_{11}/(N_{01} + N_{11})$
  예측에서 위험(1)으로 분류된 레코드 중에서 실제 위험(1)인 레코드의 비율 (예측집단에서 위험으로 분류한 레코드 중 실제집단에서도 위험인 비율)

1-1 오분류표 평가 시 고려사항

인공지능의 모형을 평가할 때 민감도와 특이도는 매우 중요한 평가지표로 사용된다. 민감도[true positive rate(진양성률), sensitivity]는 실제 위험인데 위험으로 예측할 확률을 말하며, 특이도[true negative rate(진음성률), specificity]는 실제 안심인데 안심으로 예측할 확률을 말한다. 민감도는 실제로 위험인데 안심으로 예측하는 위음성(false negative, N_{10})[가설검정에서 H_0가 거짓인데도 불구하고 H_0를 채택하는 오류인 2종 오류(β)]을 최소화하고, 특이도는 실제로 안심인데 위험으로 예측하는 위양성(false positive, N_{01})[가설검정에서 H_0가 참인데도 불구하고 H_0를 기각하는 오류인 1종 오류(α)]을 최소화하는 것을 목표로 한다.

민감도의 위음성은 위험인데 안심으로 예측하여 정부대응 순위에서 제외되어 정책의 실패를 가지고 올 수 있기 때문에 매우 중요하다. 특이도의 위양성은 안심인데 위험으로 예측하여 정부 대응의 우선순위에 포함됨으로써 정책의 부실을 초래할 수 있다. 민감도의 위음성을 최소화할 수 있는 방안으로는 민감도가 높게 평가된 머신러닝 알고리즘을 선택하여 예측하거나, 양질의 학습데이터를 지속적으로 생산하여 인공지능(머신러닝)의 예측 정확도를 개선하는 방안이 있다.

1-2 오분류표를 활용한 양질의 학습데이터 생성

오분류표에서 산출된 평가지표(정확도, 민감도, 특이도)를 활용하여 다음과 같이 양질의 학습데이터를 생성할 수 있다.[1]

첫째, 정확도, 민감도, 특이도가 모두 80% 이상으로 평가 결과가 보통(moderately accurate) 이상으로 나타났다면, 실제집단(원데이터)의 출력변수와 예측집단(예측데이터)의 출력변수가 동일(정확도를 기준으로 동일)한 레코드(코딩된 트윗 문서)를 추출하여 양질의 학습데이터를 생성한다.

둘째, 정확도와 특이도는 70% 이하로 낮은데(less accurate) 민감도가 상대적으로 높을 경우는 인공지능으로 출력변수를 예측했을 때(사례: 코로나19 정보확산 위험예측) 위험의 확률이 과다 추정될 수 있다. 따라서 상기 [표 5-1]의 실제집단의 출력변수와 예측집단의 출력변수가 동일한 레코드를 추출하고, 더불어 위음성인 레코드(실제집단의 출력변수가 위험인데, 예측집단의 출력변수가 안심인 레코드)를 추출하여 양질의 학습데이터를 생성한다.

셋째, 정확도와 민감도는 70% 이하로 낮은데 특이도가 상대적으로 높을 경우(사

---

1 본서에서 제안한 양질의 학습데이터가 지속적으로 생산되어 인공지능의 학습데이터에 추가된다면 예측 정확도가 우수한 인공지능을 개발할 수 있을 것이다.

례: 청소년 범죄지속 위험예측)는 인공지능으로 출력변수를 예측했을 때 초범의 확률이 과다 추정될 수 있다. 따라서 상기 실제집단의 출력변수와 예측집단의 출력변수가 동일한 레코드를 추출하고, 더불어 위양성의 레코드(실제집단의 출력변수가 초범인데, 예측집단의 출력변수가 재범인 레코드)를 추출하여 양질의 학습데이터를 생성한다.

2 ROC 곡선을 활용한 모형 평가

인공지능 모형의 성능평가(performance test)는 ROC(Receiver Operation Characteristic) 곡선으로 평가할 수 있다. ROC 곡선은 여러 절단값(truncation value)에서 민감도 (sensitivity)와 특이도(specificity)의 관계를 보여주며, 분류기의 성능이 기준선을 넘었는지 그래프로 확인할 수 있게 해준다. 민감도와 특이도는 반비례하기 때문에 ROC 곡선은 증가하는 형태를 나타낸다[그림 5-1]. ROC 곡선의 X축은 FPR(False Positive Rate)로 '1-specificity' 값으로 표시되며, Y축은 TPR(True Positive Rate)로 'sensitivity' 값으로 표시된다. ROC는 예측력의 비교를 위해 ROC 곡선의 아래 면적을 나타내는 AUC(Area Under the Curve)를 사용하며, AUC 통계량이 클수록 예측력 [less accurate ($0.5 < AUC \leq 0.7$), moderately accurate ($0.7 < AUC \leq 0.9$), highly accurate ($0.9 < AUC < 1$), perfect tests ($AUC = 1$)](Greinera et al., 2000: p. 29)이 우수한 인공지능(분류기, 모형함수)이라고 할 수 있다.

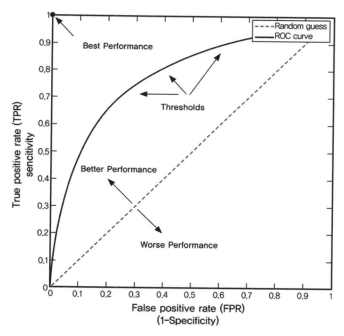

[그림 5-1] ROC 곡선

출처: Hassouna, M., Tarhini, A., & Elyas, T. (2015). Customer Churn in Mobile Markets: A Comparison of Techniques. *International Business Research*, Vol 8(6), 224–237.

3 | 오분류표를 활용한 코로나19 정보확산 위험예측 인공지능 모형 평가

오분류표를 활용한 코로나19 정보확산 위험(안심, 위험)을 예측하는 인공지능 모형의 평가는 다음과 같다.

3-1 나이브 베이즈 분류모형 평가

> rm(list=ls( )): 모든 변수 초기화

> setwd("c:/Covid_AI"): 작업용 디렉터리 지정

> install.packages('MASS'): MASS 패키지 설치

> library(MASS): write.matrix( ) 함수가 포함된 MASS 패키지 로딩

> install.packages('e1071'): e1071 패키지를 설치

> library(e1071): e1071 패키지를 로딩

> tdata = read.table('Covid_AI_S_30.txt',header=T)

- 학습데이터 파일을 tdata 객체에 할당

- 인공지능 모형을 평가하기 위해서는 학습데이터에 포함된 출력변수(Risk_Sentiment)의 값은 String format(Non_Risk, Risk)으로 코딩되어야 함

> input=read.table('input_covid_AI_30.txt',header=T,sep=",")

- 입력변수(Symptomaticpatient~Noentry)를 구분자(,)로 input 객체에 할당

> output=read.table('output_covid_AI.txt',header=T,sep=",")

- 출력변수(Risk_Sentiment)를 구분자(,)로 output 객체에 할당

> input_vars = c(colnames(input))

- input 변수를 벡터값으로 input_vars 변수에 할당

> output_vars = c(colnames(output))

- output 변수를 벡터값으로 output_vars 변수에 할당

> form = as.formula(paste(paste(output_vars, collapse = '+'),'~', paste(input_vars, collapse = '+')))

- 문자열을 결합하는 함수(paste)를 사용해 나이브 베이즈 모형의 함수식을 form 변수에 할당

> form: 나이브 베이즈 모형의 함수식을 출력

> ind=sample(2, nrow(tdata), replace=T,prob=c(0.7,0.3))

- tdata를 7:3 비율로 샘플링(복원추출)

> tr_data=tdata[ind==1,]

- 첫 번째 sample(70%)을 복원추출해 training data(tr_data)에 할당

> te_data=tdata[ind==2,]

- 두 번째 sample(30%)을 복원추출해 test data(te_data)에 할당

> train_data.lda=naiveBayes(form,data=tr_data)

- tr_data 데이터셋으로 나이브 베이즈 모형을 실행해 인공지능(분류기, 모형함수)을 만듦

> p=predict(train_data.lda, te_data, type='class')

- 인공지능(train_data.lda)을 활용해 te_data 데이터셋으로 모형 예측을 실시해 예측집단(분류집단)을 생성

> table(te_data$Risk_Sentiment,p)

- 모형 비교를 위해 실제집단과 예측집단에 대한 모형 평가 실시

```
R Console

> setwd("c:/Covid_AI")
> install.packages('MASS')
Installing package into 'C:/Users/AERO/Documents/R/win-library/3.6'
(as 'lib' is unspecified)
Warning message:
package 'MASS' is not available (for R version 3.6.3)
> library(MASS)
> install.packages('e1071')
Installing package into 'C:/Users/AERO/Documents/R/win-library/3.6'
(as 'lib' is unspecified)

  There is a binary version available but the source version is later:
        binary source needs_compilation
e1071   1.7-6 1.7-14           TRUE

  Binaries will be installed
Warning: package 'e1071' is in use and will not be installed
> library(e1071)
> tdata = read.table('Covid_AI_S_30.txt',header=T)
> input=read.table('input_covid_AI_30.txt',header=T,sep=",")
Warning message:
In read.table("input_covid_AI_30.txt", header = T, sep = ",") :
  incomplete final line found by readTableHeader on 'input_covid_AI_30.txt'
> output=read.table('output_covid_AI.txt',header=T,sep=",")
Warning message:
In read.table("output_covid_AI.txt", header = T, sep = ",") :
  incomplete final line found by readTableHeader on 'output_covid_AI.txt'
> input_vars = c(colnames(input))
> output_vars = c(colnames(output))
> form = as.formula(paste(paste(output_vars, collapse = '+'),'~',
+ paste(input_vars, collapse = '+')))
> form
Risk_Sentiment ~ Symptomaticpatient + Positivejudgment + Negativejudgment +
    Suspicious + Fever + Insomnia + Respiratory + Cold + Sorethroat +
    Digestive + Musclepain + Depression + Asymptomatic + Dying +
    Inspection + Treatment + Isolation + Diagnosiskit + Governmentresponse +
    Schoolclosed + Socialdistancing + Kquarantine + Visitingcare +
    Immunityfood + HealthCare + Outing + Handcleaner + Disinfectant +
    Mask + Noentry
> ind=sample(2, nrow(tdata), replace=T,prob=c(0.7,0.3))
> tr_data=tdata[ind==1,]
> te_data=tdata[ind==2,]
> |
```

```
R Console

> train_data.lda=naiveBayes(form,data=tr_data)
> p=predict(train_data.lda, te_data, type='class')
> table(te_data$Risk_Sentiment,p)
           p
            Non_Risk  Risk
  Non_Risk    10358   9086
  Risk        11923  53481
> # index of evaluation
> perm_a=function(p1, p2, p3, p4) {pr_a=(p1+p4)/sum(p1, p2, p3, p4)
+     return(pr_a)} # accuracy
> perm_a(10358,9086,11923,53481)
[1] 0.7523925
> perm_e=function(p1, p2, p3, p4) {pr_e=(p2+p3)/sum(p1, p2, p3, p4)
+     return(pr_e)} # error rate
> perm_e(10358,9086,11923,53481)
[1] 0.2476075
> perm_s=function(p1, p2, p3, p4) {pr_s=p4/(p3+p4)
+     return(pr_s)} # sensitivity
> perm_s(10358,9086,11923,53481)
[1] 0.8177023
> perm_sp=function(p1, p2, p3, p4) {pr_sp=p1/(p1+p2)
+     return(pr_sp)} # specificity
> perm_sp(10358,9086,11923,53481)
[1] 0.5327093
> perm_p=function(p1, p2, p3, p4) {pr_p=p4/(p2+p4)
+     return(pr_p)} # precision
> perm_p(10358,9086,11923,53481)
[1] 0.8547797
> |
```

3-2 신경망 모형 평가

```
> rm(list=ls( ))
> setwd("c:/Covid_AI")
> install.packages("nnet")
> library(nnet)
> tdata = read.table('Covid_AI_S_30.txt',header=T)
> input=read.table('input_covid_AI_30.txt',header=T,sep=",")
> output=read.table('output_covid_AI.txt',header=T,sep=",")
> input_vars = c(colnames(input))
> output_vars = c(colnames(output))
> form = as.formula(paste(paste(output_vars, collapse = '+'),'~', paste(input_
vars, collapse = '+')))
> form
> ind=sample(2, nrow(tdata), replace=T,prob=c(0.7,0.3))
> tr_data=tdata[ind==1,]
> te_data=tdata[ind==2,]
> tr.nnet = nnet(form, data=tr_data, size=13)
```
- tr_data 데이터셋으로 1개의 은닉층에 13개의 은닉노드를 가진 신경망 모형을 실행해 인공지능(분류기, 모형함수)을 만듦
```
> p=predict(tr.nnet, te_data, type='class')
```
- 인공지능(tr.nnet)을 활용해 te_data 데이터셋으로 모형 예측을 실시해 예측집단(분류집단)을 생성
```
> table(te_data$Risk_Sentiment,p)
```
- 모형 비교를 위해 실제집단과 분류집단에 대한 모형 평가를 실시

```
R Console

> rm(list=ls())
> setwd("c:/Covid_AI")
> install.packages("nnet")
Installing package into 'C:/Users/AERO/Documents/R/win-library/3.6'
(as 'lib' is unspecified)

  There is a binary version available but the source version is later:
      binary source needs_compilation
nnet 7.3-16 7.3-19              TRUE

  Binaries will be installed
Warning: package 'nnet' is in use and will not be installed
> library(nnet)
> install.packages('MASS')
Installing package into 'C:/Users/AERO/Documents/R/win-library/3.6'
(as 'lib' is unspecified)
Warning message:
package 'MASS' is not available (for R version 3.6.3)
> library(MASS)
> tdata = read.table('Covid_AI_S_30.txt',header=T)
> input=read.table('input_covid_AI_30.txt',header=T,sep=",")
Warning message:
In read.table("input_covid_AI_30.txt", header = T, sep = ",") :
  incomplete final line found by readTableHeader on 'input_covid_AI_30.txt'
> output=read.table('output_covid_AI.txt',header=T,sep=",")
Warning message:
In read.table("output_covid_AI.txt", header = T, sep = ",") :
  incomplete final line found by readTableHeader on 'output_covid_AI.txt'
> input_vars = c(colnames(input))
> output_vars = c(colnames(output))
> form = as.formula(paste(paste(output_vars, collapse = '+'),'~',
+ paste(input_vars, collapse = '+')))
> form
Risk_Sentiment ~ Symptomaticpatient + Positivejudgment + Negativejudgment +
    Suspicious + Fever + Insomnia + Respiratory + Cold + Sorethroat +
    Digestive + Musclepain + Depression + Asymptomatic + Dying +
    Inspection + Treatment + Isolation + Diagnosiskit + Governmentresponse +
    Schoolclosed + Socialdistancing + Kquarantine + Visitingcare +
    Immunityfood + HealthCare + Outing + Handcleaner + Disinfectant +
    Mask + Noentry
> ind=sample(2, nrow(tdata), replace=T,prob=c(0.7,0.3))
> tr_data=tdata[ind==1,]
> te_data=tdata[ind==2,]
> |
```

```
R Console

> tr.nnet = nnet(form, data=tr_data, size=13, itmax=200)
# weights: 417
initial value 222102.467271
iter  10 value 78678.144430
iter  20 value 77962.298146
iter  30 value 77426.134799
iter  40 value 77155.606251
iter  50 value 77045.065890
iter  60 value 76941.199983
iter  70 value 76856.564105
iter  80 value 76800.790629
iter  90 value 76746.319594
iter 100 value 76707.209888
final  value 76707.209888
stopped after 100 iterations
> p=predict(tr.nnet, te_data, type='class')
> table(te_data$Risk_Sentiment,p)
           p
            Non_Risk  Risk
  Non_Risk     7678 11819
  Risk         5074 60255
> # index of evaluation
> perm_a=function(p1, p2, p3, p4) {pr_a=(p1+p4)/sum(p1, p2, p3, p4)
+     return(pr_a)} # accuracy
> perm_a(7678,11819,5074,60255)
[1] 0.8008512
> perm_e=function(p1, p2, p3, p4) {pr_e=(p2+p3)/sum(p1, p2, p3, p4)
+     return(pr_e)} # error rate
> perm_e(7678,11819,5074,60255)
[1] 0.1991488
> perm_s=function(p1, p2, p3, p4) {pr_s=p4/(p3+p4)
+     return(pr_s)} # sensitivity
> perm_s(7678,11819,5074,60255)
[1] 0.9223316
> perm_sp=function(p1, p2, p3, p4) {pr_sp=p1/(p1+p2)
+     return(pr_sp)} # specificity
> perm_sp(7678,11819,5074,60255)
[1] 0.3938042
> perm_p=function(p1, p2, p3, p4) {pr_p=p4/(p2+p4)
+     return(pr_p)} # precision
> perm_p(7678,11819,5074,60255)
[1] 0.8360158
> |
```

3-3 로지스틱 회귀모형 평가

```
> rm(list=ls( ))
> setwd("c:/Covid_AI")
> tdata = read.table('Covid_AI_N_30.txt',header=T)
```
- 학습데이터 파일을 tdata 객체에 할당
- 로지스틱 회귀모형의 평가를 위해 학습데이터에 포함된 출력변수(Risk_Sentiment)의 범주가 numeric format(Non_Risk=0, Risk=1)으로 코딩되어야 함
```
> input=read.table('input_covid_AI_30.txt',header=T,sep=",")
> output=read.table('output_covid_AI.txt',header=T,sep=",")
> input_vars = c(colnames(input))
> output_vars = c(colnames(output))
> form = as.formula(paste(paste(output_vars, collapse = '+'),'~', paste(input_
vars, collapse = '+')))
> form
> ind=sample(2, nrow(tdata), replace=T, prob=c(0.7,0.3))
> tr_data=tdata[ind==1,]
> te_data=tdata[ind==2,]
> i_logistic=glm(form, family=binomial, data=tr_data)
> p=predict(i_logistic,te_data,type='response')
> p=round(p):
```
예측확률을 반올림(round)하여 p 객체에 저장
```
> table(te_data$Risk_Sentiment,p)
```

```
R Console                                                          [_][□][×]

> #3 logistic regression model(attitude)
>
> rm(list=ls())
> setwd("c:/Covid_AI")
> tdata = read.table('Covid_AI_N_30.txt',header=T)
> input=read.table('input_covid_AI_30.txt',header=T,sep=",")
Warning message:
In read.table("input_covid_AI_30.txt", header = T, sep = ",") :
  incomplete final line found by readTableHeader on 'input_covid_AI_30.txt'
> output=read.table('output_covid_AI.txt',header=T,sep=",")
Warning message:
In read.table("output_covid_AI.txt", header = T, sep = ",") :
  incomplete final line found by readTableHeader on 'output_covid_AI.txt'
> input_vars = c(colnames(input))
> output_vars = c(colnames(output))
> form = as.formula(paste(paste(output_vars, collapse = '+'),'~',
+   paste(input_vars, collapse = '+')))
> form
Risk_Sentiment ~ Symptomaticpatient + Positivejudgment + Negativejudgment +
    Suspicious + Fever + Insomnia + Respiratory + Cold + Sorethroat +
    Digestive + Musclepain + Depression + Asymptomatic + Dying +
    Inspection + Treatment + Isolation + Diagnosiskit + Governmentresponse +
    Schoolclosed + Socialdistancing + Kquarantine + Visitingcare +
    Immunityfood + HealthCare + Outing + Handcleaner + Disinfectant +
    Mask + Noentry
> ind=sample(2, nrow(tdata), replace=T,prob=c(0.7,0.3))
> tr_data=tdata[ind==1,]
> te_data=tdata[ind==2,]
> |
```

```
R Console                                                          [_][□][×]

> i_logistic=glm(form, family=binomial,data=tr_data)
> p=predict(i_logistic,te_data,type='response')
> p=round(p)
> table(te_data$Risk_Sentiment,p)
   p
       0     1
  0  6860 12614
  1  4533 60954
>  index of evaluation
Error: unexpected symbol in " index of"
> perm_a=function(p1, p2, p3, p4) {pr_a=(p1+p4)/sum(p1, p2, p3, p4)
+       return(pr_a)} # accuracy
> perm_a(6860,12614,4533,60954)
[1] 0.798178
> perm_e=function(p1, p2, p3, p4) {pr_e=(p2+p3)/sum(p1, p2, p3, p4)
+       return(pr_e)} # error rate
> perm_e(6860,12614,4533,60954)
[1] 0.201822
> perm_s=function(p1, p2, p3, p4) {pr_s=p4/(p3+p4)
+       return(pr_s)} # sensitivity
> perm_s(6860,12614,4533,60954)
[1] 0.9307802
> perm_sp=function(p1, p2, p3, p4) {pr_sp=p1/(p1+p2)
+       return(pr_sp)} # specificity
> perm_sp(6860,12614,4533,60954)
[1] 0.3522646
> perm_p=function(p1, p2, p3, p4) {pr_p=p4/(p2+p4)
+       return(pr_p)} # precision
> perm_p(6860,12614,4533,60954)
[1] 0.8285396
> |
```

3-4 서포트벡터머신 모형 평가

```
> rm(list=ls( ))
> setwd("c:/Covid_AI")
> library(e1071)
> tdata = read.table('Covid_AI_S_30.txt',header=T)
> input=read.table('input_covid_AI_30.txt', header=T,sep=",")
> output=read.table('output_covid_AI.txt',header=T,sep=",")
> input_vars = c(colnames(input))
> output_vars = c(colnames(output))
> form = as.formula(paste(paste(output_vars, collapse = '+'),'~', paste(input_
vars, collapse = '+')))
> form
> ind=sample(2, nrow(tdata), replace=T,prob=c(0.7,0.3))
> tr_data=tdata[ind==1,]
> te_data=tdata[ind==2,]
> svm.model=svm(form,data=tr_data,kernel='radial')
> p=predict(svm.model,te_data)
> table(te_data$Risk_Sentiment,p)
```

```
R Console                                                          [_][□][X]

> setwd("c:/Covid_AI")
> library(e1071)
> library(caret)
Loading required package: lattice
Loading required package: ggplot2
> library(kernlab)

Attaching package: 'kernlab'

The following object is masked from 'package:ggplot2':

    alpha

The following object is masked from 'package:tictoc':

    size

> tdata = read.table('Covid_AI_S_30.txt',header=T)
> input=read.table('input_covid_AI_30.txt',header=T,sep=",")
Warning message:
In read.table("input_covid_AI_30.txt", header = T, sep = ",") :
  incomplete final line found by readTableHeader on 'input_covid_AI_30.txt'
> output=read.table('output_covid_AI.txt',header=T,sep=",")
Warning message:
In read.table("output_covid_AI.txt", header = T, sep = ",") :
  incomplete final line found by readTableHeader on 'output_covid_AI.txt'
> # SVM modeling
> input_vars = c(colnames(input))
> output_vars = c(colnames(output))
> form = as.formula(paste(paste(output_vars, collapse = '+'),'~',
+ paste(input_vars, collapse = '+')))
> form
Risk_Sentiment ~ Symptomaticpatient + Positivejudgment + Negativejudgment +
    Suspicious + Fever + Insomnia + Respiratory + Cold + Sorethroat +
    Digestive + Musclepain + Depression + Asymptomatic + Dying +
    Inspection + Treatment + Isolation + Diagnosiskit + Governmentresponse +
    Schoolclosed + Socialdistancing + Kquarantine + Visitingcare +
    Immunityfood + HealthCare + Outing + Handcleaner + Disinfectant +
    Mask + Noentry
> ind=sample(2, nrow(tdata), replace=T,prob=c(0.7,0.3))
> tr_data=tdata[ind==1,]
> te_data=tdata[ind==2,]
> |
```

```
R Console                                                          [_][□][X]

> svm.model=svm(form,data=tr_data,kernel='radial')
> p=predict(svm.model,te_data)
> table(te_data$Risk_Sentiment,p)
          p
           Non_Risk  Risk
  Non_Risk     7537 11886
  Risk         4741 60869
> # index of evaluation
> perm_a=function(p1, p2, p3, p4) {pr_a=(p1+p4)/sum(p1, p2, p3, p4)
+     return(pr_a)} # accuracy
> perm_a(7537,11886,4741,60869)
[1] 0.8044641
> perm_e=function(p1, p2, p3, p4) {pr_e=(p2+p3)/sum(p1, p2, p3, p4)
+     return(pr_e)} # error rate
> perm_e(7537,11886,4741,60869)
[1] 0.1955359
> perm_s=function(p1, p2, p3, p4) {pr_s=p4/(p3+p4)
+     return(pr_s)} # sensitivity
> perm_s(7537,11886,4741,60869)
[1] 0.9277397
> perm_sp=function(p1, p2, p3, p4) {pr_sp=p1/(p1+p2)
+     return(pr_sp)} # specificity
> perm_sp(7537,11886,4741,60869)
[1] 0.3880451
> perm_p=function(p1, p2, p3, p4) {pr_p=p4/(p2+p4)
+     return(pr_p)} # precision
> perm_p(7537,11886,4741,60869)
[1] 0.8366298
> |
```

3-5 랜덤포레스트 모형 평가

```
> rm(list=ls( ))
> setwd("c:/Covid_AI")
> install.packages("randomForest")
> library(randomForest)
> memory.size(22000)
> tdata = read.table('Covid_AI_S_30.txt',header=T)
> input=read.table('input_covid_AI_30.txt', header=T,sep=",")
> output=read.table('output_covid_AI.txt',header=T,sep=",")
> input_vars = c(colnames(input))
> output_vars = c(colnames(output))
> form = as.formula(paste(paste(output_vars, collapse = '+'),'~',paste(input_
vars, collapse = '+')))
> form
> ind=sample(2, nrow(tdata), replace=T,prob=c(0.7,0.3))
> tr_data=tdata[ind==1,]
> te_data=tdata[ind==2,]
> tdata.rf = randomForest(form, data=tr_data, forest=FALSE,importance=TRUE)
> p=predict(tdata.rf,te_data)
> table(te_data$Risk_Sentiment,p)
```

```
R Console                                                              [_][□][X]

> install.packages("randomForest")
Installing package into 'C:/Users/AERO/Documents/R/win-library/3.6'
(as 'lib' is unspecified)
Warning message:
package 'randomForest' is not available (for R version 3.6.3)
> library(randomForest)
randomForest 4.6-14
Type rfNews() to see new features/changes/bug fixes.

Attaching package: 'randomForest'

The following object is masked from 'package:ggplot2':

    margin

> memory.size(22000)
[1] 65357.46
Warning message:
In memory.size(22000) : cannot decrease memory limit: ignored
> tdata = read.table('Covid_AI_S_30.txt',header=T)
> input=read.table('input_covid_AI_30.txt',header=T,sep=",")
Warning message:
In read.table("input_covid_AI_30.txt", header = T, sep = ",") :
  incomplete final line found by readTableHeader on 'input_covid_AI_30.txt'
> output=read.table('output_covid_AI.txt',header=T,sep=",")
Warning message:
In read.table("output_covid_AI.txt", header = T, sep = ",") :
  incomplete final line found by readTableHeader on 'output_covid_AI.txt'
> # random forests modeling
> input_vars = c(colnames(input))
> output_vars = c(colnames(output))
> form = as.formula(paste(paste(output_vars, collapse = '+'),'~',
+   paste(input_vars, collapse = '+')))
> form
Risk_Sentiment ~ Symptomaticpatient + Positivejudgment + Negativejudgment +
    Suspicious + Fever + Insomnia + Respiratory + Cold + Sorethroat +
    Digestive + Musclepain + Depression + Asymptomatic + Dying +
    Inspection + Treatment + Isolation + Diagnosiskit + Governmentresponse +
    Schoolclosed + Socialdistancing + Kquarantine + Visitingcare +
    Immunityfood + HealthCare + Outing + Handcleaner + Disinfectant +
    Mask + Noentry
> ind=sample(2, nrow(tdata), replace=T,prob=c(0.7,0.3))
> tr_data=tdata[ind==1,]
> te_data=tdata[ind==2,]
```

```
R Console                                                              [_][□][X]

> tdata.rf = randomForest(form, data=tr_data,forest=FALSE,importance=TRUE)
> p=predict(tdata.rf,te_data)
> table(te_data$Risk_Sentiment,p)
          p
           Non_Risk  Risk
  Non_Risk     7215 12247
  Risk         4574 61034
> # index of evaluation
> perm_a=function(p1, p2, p3, p4) {pr_a=(p1+p4)/sum(p1, p2, p3, p4)
+      return(pr_a)} # accuracy
> perm_a(7215,12247,4574,61034)
[1] 0.8022687
> perm_e=function(p1, p2, p3, p4) {pr_e=(p2+p3)/sum(p1, p2, p3, p4)
+      return(pr_e)} # error rate
> perm_e(7215,12247,4574,61034)
[1] 0.1977313
> perm_s=function(p1, p2, p3, p4) {pr_s=p4/(p3+p4)
+      return(pr_s)} # sensitivity
> perm_s(7215,12247,4574,61034)
[1] 0.9302829
> perm_sp=function(p1, p2, p3, p4) {pr_sp=p1/(p1+p2)
+      return(pr_sp)} # specificity
> perm_sp(7215,12247,4574,61034)
[1] 0.3707224
> perm_p=function(p1, p2, p3, p4) {pr_p=p4/(p2+p4)
+      return(pr_p)} # precision
> perm_p(7215,12247,4574,61034)
[1] 0.8328762
> |
```

3-6 의사결정나무 모형 평가

```
> install.packages('party')
> library(party)
> rm(list=ls( ))
> setwd("c:/Covid_AI")
> tdata = read.table('Covid_AI_S_30.txt',header=T)
> input=read.table('input_covid_AI_30.txt', header=T,sep=",")
> output=read.table('output_covid_AI.txt',header=T,sep=",")
> input_vars = c(colnames(input))
> output_vars = c(colnames(output))
> form = as.formula(paste(paste(output_vars, collapse = '+'),'~',paste(input_
vars, collapse = '+')))
> form
> ind=sample(2, nrow(tdata), replace=T,prob=c(0.7,0.3))
> tr_data=tdata[ind==1,]
> te_data=tdata[ind==2,]
> i_ctree=ctree(form,tr_data)
> p=predict(i_ctree,te_data)
> table(te_data$Risk_Sentiment,p)
```

```
R Console

> install.packages('party')
Installing package into 'C:/Users/AERO/Documents/R/win-library/3.6'
(as 'lib' is unspecified)

  There is a binary version available but the source version is later:
       binary source needs_compilation
party  1.3-7 1.3-14              TRUE

  Binaries will be installed
Warning: package 'party' is in use and will not be installed
> library(party)
> rm(list=ls())
> setwd("c:/Covid_AI")
> tdata = read.table('Covid_AI_S_30.txt',header=T)
> input=read.table('input_covid_AI_30.txt',header=T,sep=",")
Warning message:
In read.table("input_covid_AI_30.txt", header = T, sep = ",") :
  incomplete final line found by readTableHeader on 'input_covid_AI_30.txt'
> output=read.table('output_covid_AI.txt',header=T,sep=",")
Warning message:
In read.table("output_covid_AI.txt", header = T, sep = ",") :
  incomplete final line found by readTableHeader on 'output_covid_AI.txt'
> # decision trees modeling
> input_vars = c(colnames(input))
> output_vars = c(colnames(output))
> form = as.formula(paste(paste(output_vars, collapse = '+'),'~',
+ paste(input_vars, collapse = '+')))
> form
Risk_Sentiment ~ Symptomaticpatient + Positivejudgment + Negativejudgment +
    Suspicious + Fever + Insomnia + Respiratory + Cold + Sorethroat +
    Digestive + Musclepain + Depression + Asymptomatic + Dying +
    Inspection + Treatment + Isolation + Diagnosiskit + Governmentresponse +
    Schoolclosed + Socialdistancing + Kquarantine + Visitingcare +
    Immunityfood + HealthCare + Outing + Handcleaner + Disinfectant +
    Mask + Noentry
> ind=sample(2, nrow(tdata), replace=T,prob=c(0.7,0.3))
> tr_data=tdata[ind==1,]
> te_data=tdata[ind==2,]
> |
```

```
R Console

> i_ctree=ctree(form,tr_data)
> p=predict(i_ctree,te_data)
> table(te_data$Risk_Sentiment,p)
          p
           Non_Risk  Risk
  Non_Risk     7288 12177
  Risk         4699 60692
> # index of evaluation
> perm_a=function(p1, p2, p3, p4) {pr_a=(p1+p4)/sum(p1, p2, p3, p4)
+      return(pr_a)} # accuracy
> perm_a(7288,12177,4699,60692)
[1] 0.8011219
> perm_e=function(p1, p2, p3, p4) {pr_e=(p2+p3)/sum(p1, p2, p3, p4)
+      return(pr_e)} # error rate
> perm_e(7288,12177,4699,60692)
[1] 0.1988781
> perm_s=function(p1, p2, p3, p4) {pr_s=p4/(p3+p4)
+      return(pr_s)} # sensitivity
> perm_s(7288,12177,4699,60692)
[1] 0.92814
> perm_sp=function(p1, p2, p3, p4) {pr_sp=p1/(p1+p2)
+      return(pr_sp)} # specificity
> perm_sp(7288,12177,4699,60692)
[1] 0.3744156
> perm_p=function(p1, p2, p3, p4) {pr_p=p4/(p2+p4)
+      return(pr_p)} # precision
> perm_p(7288,12177,4699,60692)
[1] 0.8328919
> |
```

4 | ROC 곡선을 활용한 코로나19 정보확산 위험예측 인공지능 모형 평가

ROC 곡선을 활용한 코로나19 정보확산 위험(안심, 위험)을 예측하는 인공지능 모형의 평가는 다음과 같다.

4-1 나이브 베이즈 분류모형 ROC

> rm(list=ls( )): 모든 변수 초기화

> setwd("c:/Covid_AI"): 작업용 디렉터리 지정

> install.packages('MASS'): MASS 패키지 설치

> library(MASS): write.matrix( ) 함수가 포함된 MASS 패키지 로딩

> install.packages('e1071'): e1071 패키지 설치

> library(e1071): e1071 패키지 로딩

> install.packages('ROCR'): ROC 곡선을 생성하는 패키지 설치

> library(ROCR): ROCR 패키지 로딩

> tdata = read.table('Covid_AI_N_30.txt',header=T)

- 학습데이터 파일(numeric format)을 tdata 객체에 할당

> input=read.table('input_covid_AI_30.txt',header=T,sep=",")

- 입력(독립)변수를 구분자(,)로 input 객체에 할당

> output=read.table('output_covid_AI',header=T,sep=",")

- 출력(종속)변수를 구분자(,)로 output 객체에 할당

> p_output=read.table('p_output_bayes.txt',header=T,sep=",")

- 예측확률 변수(p_Non_Risk, p_Risk)를 구분자(,)로 p_output 객체에 할당

> input_vars = c(colnames(input))

- input 변수를 벡터값으로 input_vars 변수에 할당

> output_vars = c(colnames(output))

- output 변수를 벡터값으로 output_vars 변수에 할당

> p_output_vars = c(colnames(p_output))

- p_output 변수를 벡터값으로 p_output_vars 변수에 할당

> form = as.formula(paste(paste(output_vars, collapse = '+'),'~',paste(input_

vars, collapse = '+')))

- 문자열을 결합하는 함수(paste)를 사용해 나이브 베이즈 모형의 함수식을 form 변수에 할당

> form: 나이브 베이즈 모형의 함수식을 출력

> ind=sample(2, nrow(tdata), replace=T,prob=c(0.7,0.3))

- tdata를 7:3 비율로 샘플링

> tr_data=tdata[ind==1,]

- 첫 번째 sample(70%)을 training data(tr_data)에 할당

> te_data=tdata[ind==2,]

- 두 번째 sample(30%)을 test data(te_data)에 할당

> train_data.lda=naiveBayes(form,data=tr_data)

- tr_data 데이터셋으로 나이브 베이즈 분류 모형을 실행해 인공지능(분류기, 모형함수)을 만듦

> p=predict(train_data.lda, te_data, type='raw')

- 인공지능(train_data.lda)을 활용해 test_data 데이터셋(te_data)으로 모형 예측을 실시해 예측집단(분류집단) 생성

> dimnames(p)=list(NULL,c(p_output_vars))

- 예측된 출력변수의 확률값을 p_Non_Risk(안심 예측확률) 변수와 p_Risk(위험 예측확률) 변수에 할당

> summary(p)

> mydata=cbind(te_data, p)

- te_data 데이터셋에 p_Non_Riskl과 p_Risk 변수를 추가(append)해 mydata 객체에 할당

> write.matrix(mydata,'naive_bayse_covid_ROC.txt')

- mydata 객체를 'naive_bayse_covid_ROC.txt' 파일로 저장

> mydata1=read.table('naive_bayse_covid_ROC.txt',header=T)

- naive_bayse_covid_ROC.txt 파일을 mydata1 객체에 할당

> attach(mydata1)

> pr=prediction(p_Risk, te_data$Risk_Sentiment)

- 실제집단과 예측집단을 이용해 te_data의 Risk_Sentiment의 추정치를 예측

> bayes_prf=performance(pr, measure='tpr', x.measure='fpr')

- ROC 곡선의 tpr(true positive rate)과 fpr(false positive rate)을 bayes_prf 객체에 할당

- TPR: sensitivity, FPR: 1-specificity

> auc=performance(pr, measure='auc'): AUC 곡선의 성능을 평가

> auc_bayes=auc@y.values[[1]]

- AUC 통계량을 산출해 auc_bayes 객체에 할당

> auc_bayes=sprintf('%.2f',auc_bayes): 소수점 이하 두 자릿수 출력

> plot(bayes_prf,col=1,lty=1,lwd=1.5,main='ROC curver for Machine Learning Models')

- Title을 'ROC curver for Machine Learning Models'로 해 ROC 곡선을 그림

- fpr을 X축 값, tpr을 Y축 값으로 하여 검은색(col=1)과 실선(lty=1) 모양으로 화면에 출력

> abline(0,1,lty=3): ROC 곡선의 기준선을 그림

4-2 신경망 모형 ROC

> install.packages("nnet")

> library(nnet)

> attach(tdata)

> tr.nnet = nnet(form, data=tr_data, size=13)

> p=predict(tr.nnet, te_data, type='raw')

> pr=prediction(p, te_data$Risk_Sentiment)

> neural_prf=performance(pr, measure='tpr', x.measure='fpr')

> neural_x=unlist(attr(neural_prf, 'x.values'))

- X축의 값(fpr)을 neural_x 객체에 할당

> neural_y=unlist(attr(neural_prf, 'y.values'))

- Y축의 값(tpr)을 neural_y 객체에 할당

> auc=performance(pr, measure='auc')

> auc_neural=auc@y.values[[1]]

> auc_neural=sprintf('%.2f',auc_neural): 소수점 이하 두 자릿수 출력

> lines(neural_x,neural_y, col=2,lty=2)

- fpr을 X축 값, tpr을 Y축 값으로 하여 붉은색(col=2)과 대시선(lty=2) 모양으로 화면에 출력

4-3 로지스틱 회귀모형 ROC

```
> i_logistic=glm(form, family=binomial,data=tr_data)
> p=predict(i_logistic,te_data,type='response')
> pr=prediction(p, te_data$Risk_Sentiment)
> lo_prf=performance(pr, measure='tpr', x.measure='fpr')
> lo_x=unlist(attr(lo_prf, 'x.values'))
> lo_y=unlist(attr(lo_prf, 'y.values'))
> auc=performance(pr, measure='auc')
> auc_lo=auc@y.values[[1]]
> auc_lo=sprintf('%.2f',auc_lo): 소수점 이하 두 자릿수 출력
> lines(lo_x,lo_y, col=3,lty=3)
- 초록색(col=3)과 도트선(lty=3) 모양으로 화면에 출력
```

4-4 서포트벡터머신 모형 ROC

```
> library(e1071)
> library(caret)
> install.packages('kernlab')
> library(kernlab)
> svm.model=svm(form,data=tr_data,kernel='radial')
> p=predict(svm.model,te_data)
> pr=prediction(p, te_data$Risk_Sentiment)
> svm_prf=performance(pr, measure='tpr', x.measure='fpr')
> svm_x=unlist(attr(svm_prf, 'x.values'))
> svm_y=unlist(attr(svm_prf, 'y.values'))
> auc=performance(pr, measure='auc')
> auc_svm=auc@y.values[[1]]
> auc_svm=sprintf('%.2f',auc_svm): 소수점 이하 두 자릿수 출력
> lines(svm_x,svm_y, col=4,lty=4)
- 파랑색(col=4)과 도트·대시선(lty=4) 모양으로 화면에 출력
```

4-5 랜덤포레스트 모형 ROC

```
> install.packages("randomForest")
> library(randomForest)
> tdata.rf = randomForest(form, data=tr_data, forest=FALSE, importance=TRUE)
> p=predict(tdata.rf,te_data)
> pr=prediction(p, te_data$Risk_Sentiment)
> ran_prf=performance(pr, measure='tpr', x.measure='fpr')
> ran_x=unlist(attr(ran_prf, 'x.values'))
> ran_y=unlist(attr(ran_prf, 'y.values'))
> auc=performance(pr, measure='auc')
> auc_ran=auc@y.values[[1]]
> auc_ran=sprintf('%.2f',auc_ran): 소수점 이하 두 자릿수 출력
> lines(ran_x,ran_y, col=5,lty=5)
- 연파랑색(col=5)과 긴 대시선(lty=5) 모양으로 화면에 출력
```

4-6 의사결정나무 모형 ROC

```
> install.packages('party')
> library(party)
> i_ctree=ctree(form,tr_data)
> p=predict(i_ctree,te_data)
> pr=prediction(p, te_data$Risk_Sentiment)
> tree_prf=performance(pr, measure='tpr', x.measure='fpr')
> tree_x=unlist(attr(tree_prf, 'x.values'))
> tree_y=unlist(attr(tree_prf, 'y.values'))
> auc=performance(pr, measure='auc')
> auc_tree=auc@y.values[[1]]
> auc_tree=sprintf('%.2f',auc_tree): 소수점 이하 두 자릿수 출력
> lines(tree_x,tree_y, col=6,lty=6)
- 보라색(col=5)과 2개의 대시선(lty=6) 모양으로 화면에 출력
```

> legend('bottomright',legend=c('naive bayes','neural network','logistics','
SVM','random forest','decision tree'),lty=1:6, col=1:6)

- bottomright 위치에 머신러닝 모형의 범례를 지정

> legend('topleft',legend=c('naive=',auc_bayes,'neural=',auc_neural,
'logistics=',auc_lo,'SVM=',auc_svm,'random=',auc_ran,'decision=',auc_tree),
cex=0.7)

- topleft 위치에 머신러닝 모형의 AUC 통계량의 범례를 지정

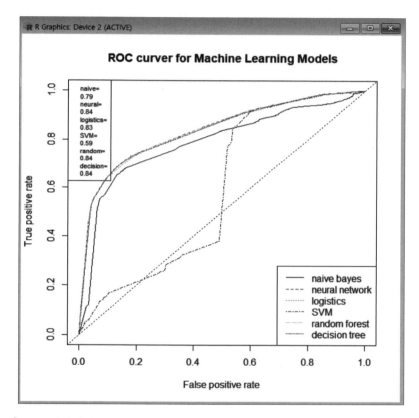

[그림 5-2] ROC 곡선을 활용한 모형 평가

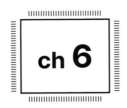

코로나19 정보확산 위험예측 인공지능 개발

머신러닝을 활용한 코로나19 정보확산 위험예측 인공지능 개발 절차는 [그림 6-1]과 같다.

- 첫째, 지도학습 알고리즘을 이용하여 학습데이터(learning data)를 훈련데이터(training data)와 시험데이터(test data)로 분할하여 학습하고 모형을 평가한 후 최적 모형을 선정한다.
- 둘째, 선정된 최적 모형을 이용해 원데이터의 입력변수만으로 출력변수를 예측한다.
- 셋째, 원데이터의 출력변수와 예측데이터의 출력변수를 활용하여 모형 평가에서 산출된 정확도, 민감도, 특이도를 평가하고 양질의 학습데이터를 생성한다.
- 넷째, 양질의 학습데이터를 이용해 선정된 최적 모형으로 코로나19 정보확산 위험을 예측하는 인공지능을 개발한다.

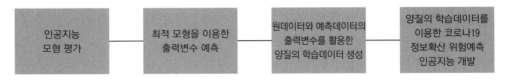

[그림 6-1] 코로나19 정보확산 위험예측 인공지능 개발 절차

1 | 인공지능 모형 평가

5장(인공지능 모형 평가)과 같이 지도학습 알고리즘을 이용하여 코로나19 학습데이터 (28만 3,507건)를 훈련데이터와 시험데이터의 비율을 7:3으로 분할해 학습한 후 모형을 평가하였다. 그 결과 정확도는 서포트벡터머신이 가장 높고, 민감도는 로지스틱 회귀모형이 높은 것으로 나타났다. 그리고 AUC는 신경망과 랜덤포레스트가 높은 것으로 나타났다. 따라서 본 연구에서는 정확도와 AUC가 상대적으로 우수한 신경망과 랜덤포레스트를 최적 모형으로 선정하였다[표 6-1].

[표 6-1] 코로나19 정보확산 위험예측 인공지능 모형 평가 (7:3)

Evaluation Index	Naïve Bayes classification	neural networks	logistic regression	support vector machines	random forests	decision trees
accuracy	75.24	80.01	79.82	80.45	80.23	80.11
error rate	24.76	19.91	20.18	19.55	19.77	19.89
specificity	53.27	39.38	35.23	38.80	37.07	37.44
sensitivity	81.77	92.23	93.08	92.77	93.03	92.81
precision	85.48	83.60	82.85	93.66	83.29	83.29
AUC	0.79	0.84	0.83	0.59	0.84	0.84
	best accuracy		support vector machines			
	best error rate		support vector machines			
	best specificity		Naïve Bayes classification			
	best sensitivity		logistic regression			
	best precision		support vector machines			
	best AUC(Area Under the Curve)		neural networks, random forests, decision trees			

2 | 최적 모형을 이용한 출력변수 예측

선정된 최적 모형인 신경망 모형과 랜덤포레스트 모형을 이용하여 원데이터의 입력변수만으로 원데이터의 출력변수를 예측한다.

2-1 신경망 모형을 활용한 출력변수 예측

> rm(list=ls( )): 모든 변수를 초기화

> setwd("c:/Covid_AI"): 작업용 디렉터리를 지정

> install.packages("nnet"): nnet 패키지를 설치

> library(nnet)

> install.packages('MASS')

> library(MASS)

> tdata = read.table('Covid_AI_S_30.txt',header=T)

 - 학습데이터에 포함된 출력변수(Risk_Sentiment)의 값은 String format(Non_Risk, Risk)으로 코딩되어야 함

> input=read.table('input_covid_AI_30.txt',header=T,sep=",")

- 입력변수(Symptomaticpatient~Noentry)를 구분자(,)로 input 객체에 할당

> output=read.table('output_covid_AI.txt',header=T,sep=",")

- 출력변수(Risk_Sentiment)를 구분자(,)로 output 객체에 할당

> input_vars = c(colnames(input))

- input 변수를 벡터값으로 input_vars 변수에 할당

> output_vars = c(colnames(output))

> form = as.formula(paste(paste(output_vars, collapse = '+'),'~',paste(input_vars, collapse = '+')))

- 문자열을 결합하는 함수(paste)를 사용해 nnet 모형의 함수식을 form 변수에 할당

> form: nnet 모형의 함수식을 출력

> tr.nnet = nnet(form, data=tdata, size=13, itmax=200)

- tdata 데이터(전체 데이터)셋으로 1개의 은닉층에 13개의 은닉노드를 가진 신경망 모형을 실행해 인공지능(분류기, 모형함수)을 만듦

> p=predict(tr.nnet, tdata, type='class')

- 인공지능(tdata.rf)을 활용해 tdata 데이터셋으로 모형 예측을 실시하여 예측집단(분류집단)을 생성

> table(tdata$Risk_Sentiment,p)

- 모형 비교를 위해 실제집단과 예측집단에 대한 모형 평가를 실시

index of evaluation

> perm_a=function(p1, p2, p3, p4) {pr_a=(p1+p4)/sum(p1, p2, p3, p4) return(pr_a)} # accuracy

> perm_a(25009,39869,16000,202629)

- nnet 모형을 적용한 실제집단과 예측집단의 정확도는 80.29%로 나타남

> perm_a=function(p1, p2, p3, p4) {pr_s=p4/(p3+p4)return(pr_a)} # sensitivity

> perm_a(25009,39869,16000,202629)

- nnet 모형을 적용한 실제집단과 예측집단의 민감도는 92.68%로 나타남

> perm_a=function(p1, p2, p3, p4) {pr_sp=p1/(p1+p2)return(pr_a)} # specificity

> perm_a(25009,39869,16000,202629)

- nnet 모형을 적용한 실제집단과 예측집단의 특이도는 38.55%로 나타남

> mydata=cbind(tdata, p): 전체 데이터(tdata)에 예측된 출력변수를 합쳐 mydata 변수에 할당

> write.matrix(mydata,'covid_neural_2024_cbr.txt')

- mydata 객체를 'covid_neural_2024_cbr.txt' 파일로 저장

```
R Console
> setwd("c:/Covid_AI")
> install.packages("nnet")
Installing package into 'C:/Users/AERO/Documents/R/win-library/3.6'
(as 'lib' is unspecified)

  There is a binary version available but the source version is
  later:
       binary source needs_compilation
nnet 7.3-16 7.3-19               TRUE

  Binaries will be installed
Warning: package 'nnet' is in use and will not be installed
> library(nnet)
> install.packages('MASS')
Installing package into 'C:/Users/AERO/Documents/R/win-library/3.6'
(as 'lib' is unspecified)
Warning message:
package 'MASS' is not available (for R version 3.6.3)
> library(MASS)
> tdata = read.table('Covid_AI_S_30.txt',header=T)
> input=read.table('input_covid_AI_30.txt',header=T,sep=",")
Warning message:
In read.table("input_covid_AI_30.txt", header = T, sep = ",") :
  incomplete final line found by readTableHeader on 'input_covid_AI_30.txt'
> output=read.table('output_covid_AI.txt',header=T,sep=",")
Warning message:
In read.table("output_covid_AI.txt", header = T, sep = ",") :
  incomplete final line found by readTableHeader on 'output_covid_AI.txt'
> input_vars = c(colnames(input))
> output_vars = c(colnames(output))
> form = as.formula(paste(paste(output_vars, collapse = '+'),'~',
+  paste(input_vars, collapse = '+')))
> form
Risk_Sentiment ~ Symptomaticpatient + Positivejudgment + Negativejudgment +
    Suspicious + Fever + Insomnia + Respiratory + Cold + Sorethroat +
    Digestive + Musclepain + Depression + Asymptomatic + Dying +
    Inspection + Treatment + Isolation + Diagnosiskit + Governmentresponse +
    Schoolclosed + Socialdistancing + Kquarantine + Visitingcare +
    Immunityfood + HealthCare + Outing + Handcleaner + Disinfectant +
    Mask + Noentry
> |
```

```
R Console                                                                    [_][□][x]

> tr.nnet = nnet(form, data=tdata, size=13, itmax=200)
# weights:  417
initial  value 239339.862435
iter  10 value 112455.606714
iter  20 value 111020.467131
iter  30 value 110418.228371
iter  40 value 110187.124596
iter  50 value 109998.269137
iter  60 value 109927.258460
iter  70 value 109827.054526
iter  80 value 109760.724625
iter  90 value 109706.130408
iter 100 value 109670.086384
final   value 109670.086384
stopped after 100 iterations
> p=predict(tr.nnet, tdata, type='class')
> table(tdata$Risk_Sentiment,p)
            p
             Non_Risk   Risk
  Non_Risk     25009   39869
  Risk         16000  202629
> # index of evaluation(민감도가 특이도 보다 높아 인공지능 예측 시, 위험으로 $
> perm_a=function(p1, p2, p3, p4) {pr_a=(p1+p4)/sum(p1, p2, p3, p4)
+      return(pr_a)} # accuracy
> perm_a(25009,39869,16000,202629)
[1] 0.8029361
> perm_s=function(p1, p2, p3, p4) {pr_s=p4/(p3+p4)
+      return(pr_s)} # sensitivity
> perm_s(25009,39869,16000,202629)
[1] 0.9268167
> perm_sp=function(p1, p2, p3, p4) {pr_sp=p1/(p1+p2)
+      return(pr_sp)} # specificity
> perm_sp(25009,39869,16000,202629)
[1] 0.3854774
>
> mydata=cbind(tdata, p)
> write.matrix(mydata,'covid_neural_2024_cbr.txt')
> |
```

2-2 랜덤포레스트 모형을 활용한 출력변수 예측

> rm(list=ls( ))

> setwd("c:/Covid_AI")

> install.packages("randomForest"): 랜덤포레스트 패키지 설치

> library(randomForest)

> memory.size(22000)

> library(MASS)

> tdata = read.table('Covid_AI_S_30.txt',header=T)

> input=read.table('input_covid_AI_30.txt',header=T,sep=",")

> output=read.table('output_covid_AI.txt',header=T,sep=",")

random forests modeling

> input_vars = c(colnames(input))

> output_vars = c(colnames(output))

> form = as.formula(paste(paste(output_vars, collapse = '+'),'~',paste(input_vars, collapse = '+')))

> form

> tdata.rf = randomForest(form, data=tdata,forest=FALSE,importance=TRUE)

- tdata 데이터(전체 데이터)셋으로 랜덤포레스트 모형을 실행해 인공지능(모형함수: tdata.rf)을 만듦

> p=predict(tdata.rf,tdata)

- 인공지능(tdata.rf)을 활용해 tdata 데이터셋으로 모형 예측을 실시하여 예측집단(분류집단)을 생성

> table(tdata$Risk_Sentiment,p)

- 모형 비교를 위해 실제집단과 예측집단에 대한 모형 평가를 실시

index of evaluation

> perm_a=function(p1, p2, p3, p4) {pr_a=(p1+p4)/sum(p1, p2, p3, p4)return(pr_a)} # accuracy

> perm_a(24731,40147,15599,203030)

- 랜덤포레스트 모형을 적용한 실제집단과 예측집단의 정확도는 80.34%, 민감도는 92.87%, 특이도는 38.13%로 나타남

> mydata=cbind(tdata, p): 전체 데이터(tdata)에 예측된 출력변수를 합쳐 mydata 변수에 할당

> write.matrix(mydata,'covid_random_2024_cbr.txt')

```
R Console

> rm(list=ls())
> setwd("c:/Covid_AI")
> install.packages("randomForest")
Installing package into 'C:/Users/AERO/Documents/R/win-library/3.6'
(as 'lib' is unspecified)
Warning message:
package 'randomForest' is not available (for R version 3.6.3)
> #library(randomForest)
> memory.size(22000)
[1] 65357.46
Warning message:
In memory.size(22000) : cannot decrease memory limit: ignored
> library(MASS)
> tdata = read.table('Covid_AI_S_30.txt',header=T)
> input=read.table('input_covid_AI_30.txt',header=T,sep=",")
Warning message:
In read.table("input_covid_AI_30.txt", header = T, sep = ",") :
  incomplete final line found by readTableHeader on 'input_covid_AI_30.txt'
> output=read.table('output_covid_AI.txt',header=T,sep=",")
Warning message:
In read.table("output_covid_AI.txt", header = T, sep = ",") :
  incomplete final line found by readTableHeader on 'output_covid_AI.txt'
> # random forests modeling
> input_vars = c(colnames(input))
> output_vars = c(colnames(output))
> form = as.formula(paste(paste(output_vars, collapse = '+'),'~',
+   paste(input_vars, collapse = '+')))
> form
Risk_Sentiment ~ Symptomaticpatient + Positivejudgment + Negativejudgment +
    Suspicious + Fever + Insomnia + Respiratory + Cold + Sorethroat +
    Digestive + Musclepain + Depression + Asymptomatic + Dying +
    Inspection + Treatment + Isolation + Diagnosiskit + Governmentresponse +
    Schoolclosed + Socialdistancing + Kquarantine + Visitingcare +
    Immunityfood + HealthCare + Outing + Handcleaner + Disinfectant +
    Mask + Noentry
> |
```

```
R Console                                                          [_][□][X]

> tdata.rf = randomForest(form, data=tdata,forest=FALSE,importance=TRUE)
> p=predict(tdata.rf,tdata)
> table(tdata$Risk_Sentiment,p)
            p
            Non_Risk    Risk
  Non_Risk     24731    40147
  Risk         15599   203030
> # index of evaluation
> perm_a=function(p1, p2, p3, p4) {pr_a=(p1+p4)/sum(p1, p2, p3, p4)
+       return(pr_a)} # accuracy
> perm_a(24731,40147,15599,203030)
[1] 0.8033699
> perm_s=function(p1, p2, p3, p4) {pr_s=p4/(p3+p4)
+       return(pr_s)} # sensitivity
> perm_s(24731,40147,15599,203030)
[1] 0.9286508
> perm_sp=function(p1, p2, p3, p4) {pr_sp=p1/(p1+p2)
+       return(pr_sp)} # specificity
> perm_sp(24731,40147,15599,203030)
[1] 0.3811924
> mydata=cbind(tdata, p)
> write.matrix(mydata,'covid_random_2024_cbr.txt')
> |
```

3 | 원데이터와 예측데이터의 출력변수를 활용한 양질의 학습데이터 생성

선정된 최적 모형인 신경망 모형과 랜덤포레스트 모형을 평가한 결과, 민감도(신경망: 92.68, 랜덤포레스트: 93.03)가 특이도(신경망: 39.55, 랜덤포레스트: 37.07)보다 매우 높은 것으로 나타났다. 이처럼 민감도가 특이도보다 상대적으로 높을 경우, 인공지능으로 출력변수를 예측했을 때 위험의 확률이 과다 추정될 수 있다. 따라서 본 연구에서는 실제집단의 출력변수와 예측집단의 출력변수가 동일한 레코드를 추출하고, 더불어 위음성인 레코드(실제집단의 출력변수가 위험인데, 예측집단의 출력변수가 안심인 레코드)를 추출하여 양질의 학습데이터를 생성하였다.

3-1 신경망 모형을 활용한 양질의 학습데이터 생성

> rm(list=ls( ))

> setwd("c:/Covid_AI")

> rm(list=ls( ))

> install.packages('dplyr')

> library(dplyr)

> mydata=read.table('covid_neural_2024_cbr.txt',header=T)

 - 전체 데이터(tdata)에 예측된 출력변수를 합친 데이터 파일(covid_neural_2024_cbr.txt)을 mydata에 할당

> attach(mydata)

> f1=mydata$Risk_Sentiment

 - 원데이터의 출력변수(Risk_Sentiment) 값을 f1객체에 할당

> l1=mydata$p

 - 예측데이터의 출력변수(p) 값을 l1객체에 할당

> mydata1=filter(mydata,f1==l1 | Risk_Sentiment=='Risk' & p=='Non_Risk')

 - Risk_Sentiment의 값과 p의 값이 동일한 레코드와 위음성(원데이터의 출력변수가 위험인데 예측데이터의 출력변수는 안심으로 예측)인 레코드를 추출해 mydata1에 저장

> write.matrix(mydata1,'covid_neural_2024_cbr_ok.txt')

 - mydata1 객체를 'covid_neural_2024_cbr_ok.txt' 파일에 저장

 - 생성된 'covid_neural_2024_cbr_ok.txt' 파일은 출력변수의 변수값이 문자 형식(Non_Risk, Risk)임. 따라서 인공지능의 예측모형을 개발하기 위해서는 출력변수의 변수값을 숫자 형식(0, 1)으로 변경하여 새로운 파일(covid_neural_2024_cbr_ok_N.txt)을 생성해야 함

> install.packages('catspec'): 분할표를 작성하는 패키지 설치

> library(catspec)

> mydata1=read.table('covid_neural_2024_cbr_ok.txt',header=T)

> t1=ftable(mydata1[c('Risk_Sentiment')]): 평면 분할표를 작성해 t1 객체에 할당

> ctab(t1,type=c('n','r')): 빈도와 행%를 화면에 출력

 - 위험(Risk)은 21만 8,629건(89.74%)으로 나타남

> length(mydata1$Risk_Sentiment): 전체 recode 수는 24만 3,638건으로 나타남

```
R Console                                                    [_][□][X]

> # cbr data
>
> setwd("c:/Covid_AI")
> rm(list=ls())
> #install.packages('dplyr')
> #library(dplyr)
> mydata=read.table('covid_neural_2024_cbr.txt',header=T)
> attach(mydata)
The following objects are masked from mydata (pos = 3):

    Asymptomatic, Cold, Depression, Diagnosiskit, Digestive,
    Disinfectant, Dying, Fever, Governmentresponse, Handcleaner,
    HealthCare, Immunityfood, Insomnia, Inspection, Isolation,
    Kquarantine, Mask, Musclepain, Negativejudgment, Noentry,
    Outing, p, Positivejudgment, Respiratory, Risk_Sentiment,
    Schoolclosed, Socialdistancing, Sorethroat, Suspicious,
    Symptomaticpatient, Treatment, Visitingcare

> f1=mydata$Risk_Sentiment
> l1=mydata$p
>
> mydata1=filter(mydata,f1==l1 | Risk_Sentiment=='Risk' & p=='Non_Risk')
> write.matrix(mydata1,'covid_neural_2024_cbr_ok.txt')
> install.packages('catspec')
Installing package into 'C:/Users/AERO/Documents/R/win-library/3.6'
(as 'lib' is unspecified)
Warning message:
package 'catspec' is not available (for R version 3.6.3)
> library(catspec)
> mydata1=read.table('covid_neural_2024_cbr_ok.txt',header=T)
> t1=ftable(mydata1[c('Risk_Sentiment')])
> ctab(t1,type=c('n','r'))
        x  Non_Risk      Risk

Count     25009.00 218629.00
Total %      10.26     89.74
> length(mydata1$Risk_Sentiment)
[1] 243638
>
> |
```

해석 신경망 모형을 활용하여 분석한 결과 24만 3,638건의 양질의 학습데이터가 생성되었다.

3-2 랜덤포레스트 모형을 활용한 양질의 학습데이터 생성

> setwd("c:/Covid_AI")

> rm(list=ls( ))

> install.packages('dplyr')

> library(dplyr)

> mydata=read.table('covid_random_2024_cbr.txt',header=T)

 – 전체 데이터(tdata)에 예측된 출력변수를 합친 데이터 파일(covid_random_2024_cbr.tx)을
mydata에 할당

> attach(mydata)

> f1=mydata$Risk_Sentiment

> l1=mydata$p

> mydata1=filter(mydata,f1==l1 | Risk_Sentiment=='Risk' & p=='Non_Risk')

 - Risk_Sentiment의 값과 p의 값이 동일한 레코드와 위음성(원데이터의 출력변수가 위험인데 예측데이터의 출력변수는 안심으로 예측)인 레코드를 추출해 mydata1에 저장

> write.matrix(mydata1,'covid_random_2024_cbr_ok.txt')

- mydata1 객체를 'covid_random_2024_cbr_ok.txt' 파일에 저장

- 인공지능 예측모형을 개발하기 위해 출력변수의 변수값을 숫자 형식(0, 1)으로 변경하여 새로운 파일(covid_random_2024_cbr_ok_N.txt)을 생성함

> install.packages('catspec')

> library(catspec)

> mydata1=read.table('covid_random_2024_cbr_ok.txt',header=T)

> t1=ftable(mydata1[c('Risk_Sentiment')])

> ctab(t1,type=c('n','r'))

 - 위험(Risk)은 21만 8,629건(89.84%)으로 나타남

> length(mydata1$Risk_Sentiment)

```
> # cbr data creation
>
> setwd("c:/Covid_AI")
> rm(list=ls())
> #install.packages('dplyr')
> #library(dplyr)
> mydata=read.table('covid_random_2024_cbr.txt',header=T)
> #attach(mydata)
> f1=mydata$Risk_Sentiment
> l1=mydata$p
> mydata1=filter(mydata,f1==l1 | Risk_Sentiment=='Risk' & p=='Non_Risk')
> write.matrix(mydata1,'covid_random_2024_cbr_ok.txt')
> install.packages('catspec')
Installing package into 'C:/Users/AERO/Documents/R/win-library/3.6'
(as 'lib' is unspecified)
Warning message:
package 'catspec' is not available (for R version 3.6.3)
> library(catspec)
> mydata1=read.table('covid_random_2024_cbr_ok.txt',header=T)
> t1=ftable(mydata1[c('Risk_Sentiment')])
> ctab(t1,type=c('n','r'))
          x   Non_Risk        Risk

Count          24731.00  218629.00
Total %           10.16      89.84
> length(mydata1$Risk_Sentiment)
[1] 243360
>
> |
```

해석 랜덤포레스트 모형을 활용해 분석한 결과 24만 3,360건의 양질의 학습데이터가 생성되었다.

4 | 머신러닝을 활용한 코로나19 정보확산 위험예측 인공지능 개발

앞 장에서 원데이터의 출력변수의 값과 예측데이터의 출력변수의 값이 동일한 레코드와 위음성인 레코드를 추출하여 양질의 학습데이터(신경망: 24만 3,638건, 랜덤포레스트: 24만 3,360건)를 생성하였다. 양질의 학습데이터를 활용한 코로나19 정보확산 위험을 예측할 수 있는 인공지능 개발은 다음과 같다.

4-1 신경망 모형을 적용한 코로나19 정보확산 위험예측 인공지능 개발

```
> rm(list=ls( ))
> setwd("c:/Covid_AI")
> library(MASS)
> install.packages('neuralnet')
> library(neuralnet)
> memory.size(220000)
> options(scipen=100)
> tNdata = read.table('covid_neural_2024_cbr_ok_N.txt',header=T)
```
– 인공지능 예측모형을 개발하기 위해 출력변수의 변수값이 숫자 형식(0, 1)으로 변경된 파일(covid_neural_2024_cbr_ok_N.txt)을 사용함

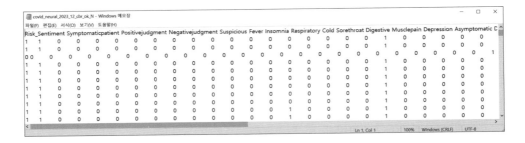

```
> input=read.table('input_covid_AI_30.txt',header=T,sep=",")
> output=read.table('output_covid_AI.txt',header=T,sep=",")
> p_output=read.table('p_output_AI_neuralnet.txt',header=T,sep=",")
# neural networks modeling
```

> input_vars = c(colnames(input))

> output_vars = c(colnames(output))

> p_output_vars = c(colnames(p_output))

> form = as.formula(paste(paste(output_vars, collapse = '+'),'~',paste(input_vars, collapse = '+')))

> form

> tdata.rf_N = neuralnet(form, tNdata, hidden=c(7, 5), lifesign = "minimal", linear.output = FALSE, threshold = 0.1,stepmax=1e7)

 - tNdata 데이터셋으로 2개의 은닉층에 35(7×5)개의 은닉노드를 가진 신경망 모형을 실행해 인공지능(분류기, 모형함수)을 만듦(2개의 은닉층을 가지는 신경망 모형의 학습시간은 총 18.25 시간이 소요됨)

> plot(tdata.rf_N, radius=0.15, arrow.length=0.15,fontsize=12)

 - 원 크기, 화살표 길이, 글자 크기를 조정해 신경망 plot을 출력

> pred = tdata.rf_N$net.result[[1]]

 - net.result[[1]]은 예측확률값(real data)으로부터 얼마나 먼가에 대한 예측값으로 MSE(mean square error)를 사용

> dimnames(pred)=list(NULL,c(p_output_vars))

> summary(pred)

> pred_obs = cbind(tNdata, pred): 예측확률값(p)을 tdata에 추가

> write.matrix(pred_obs,'Covid_AI_2024_neuralnet.txt')

newdata prediction

> newdata = read.table('covid_newdata_10.txt',header=T)

 - 출력변수(Risk_Sentiment)가 'No'로 코딩된 10건의 데이터를 newdata에 할당

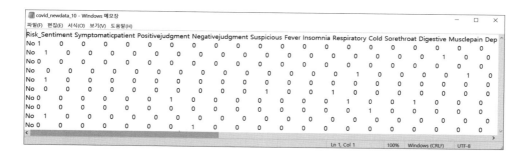

> covid_prob=predict(tdata.rf_N, newdata)

 - 신경망 인공지능(tdata.rf_N)으로 newdata 출력변수의 예측확률값을 산출

> pred_obs = cbind(newdata,covid_prob)

> write.matrix(pred_obs,'newdata_prob_neural_10.txt')

> pred_obs

> m_covid_prob=mean(covid_prob)*100

> m_covid_prob_p=sprintf('%.2f',m_covid_prob)

> cat('시간대별 covid19 정보확산 위험률 =',m_covid_prob_p,'%','\n')

 - newdata의 시간대별 covid 19 평균 정보확산 위험률을 출력

```
R Console

> library(neuralnet)

Attaching package: 'neuralnet'

The following object is masked from 'package:dplyr':

    compute

> memory.size(220000)
[1] 220000
> options(scipen=100)
> tNdata = read.table('covid_neural_2024_cbr_ok_N.txt',header=T)
> input=read.table('input_covid_AI_30.txt',header=T,sep=",")
Warning message:
In read.table("input_covid_AI_30.txt", header = T, sep = ",") :
  incomplete final line found by readTableHeader on 'input_covid_AI_30.txt'
> output=read.table('output_covid_AI.txt',header=T,sep=",")
Warning message:
In read.table("output_covid_AI.txt", header = T, sep = ",") :
  incomplete final line found by readTableHeader on 'output_covid_AI.txt'
> p_output=read.table('p_output_AI_neuralnet.txt',header=T,sep=",")
Warning message:
In read.table("p_output_AI_neuralnet.txt", header = T, sep = ",") :
  incomplete final line found by readTableHeader on 'p_output_AI_neuralnet.txt'
>
> # neural networks modeling
> input_vars = c(colnames(input))
> output_vars = c(colnames(output))
> p_output_vars = c(colnames(p_output))
> form = as.formula(paste(paste(output_vars, collapse = '+'),'~',
+ paste(input_vars, collapse = '+')))
> form
Risk_Sentiment ~ Symptomaticpatient + Positivejudgment + Negativejudgment +
    Suspicious + Fever + Insomnia + Respiratory + Cold + Sorethroat +
    Digestive + Musclepain + Depression + Asymptomatic + Dying +
    Inspection + Treatment + Isolation + Diagnosiskit + Governmentresponse +
    Schoolclosed + Socialdistancing + Kquarantine + Visitingcare +
    Immunityfood + HealthCare + Outing + Handcleaner + Disinfectant +
    Mask + Noentry
> tdata.rf_N = neuralnet(form, tNdata, hidden=c(7,5),lifesign = "minimal",
+ linear.output = FALSE, threshold = 0.1,stepmax=1e7)
hidden: 7, 5    thresh: 0.1    rep: 1/1    steps:    253404    error: 4653.69864    time: 18.25 hours
> plot(tdata.rf_N, radius=0.15, arrow.length=0.15,fontsize=12)
>
```

```
R Console

> tdata.rf_N = neuralnet(form, tNdata, hidden=c(7,5),lifesign = "minimal",
+ linear.output = FALSE, threshold = 0.1,stepmax=1e7)
hidden: 7, 5    thresh: 0.1    rep: 1/1    steps:    253404    error: 4653.69$
> plot(tdata.rf_N, radius=0.15, arrow.length=0.15,fontsize=12)
> pred = tdata.rf_N$net.result[[1]]
> dimnames(pred)=list(NULL,c(p_output_vars))
> summary(pred)
 p_Risk_Sentiment
 Min.   :0.0004751
 1st Qu.:0.9999831
 Median :1.0000000
 Mean   :0.8967316
 3rd Qu.:1.0000000
 Max.   :1.0000000

> pred_obs = cbind(tNdata, pred)
> write.matrix(pred_obs,'Covid_AI_2024_neuralnet.txt')
>
```

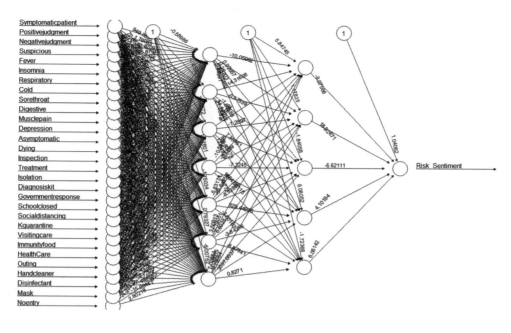

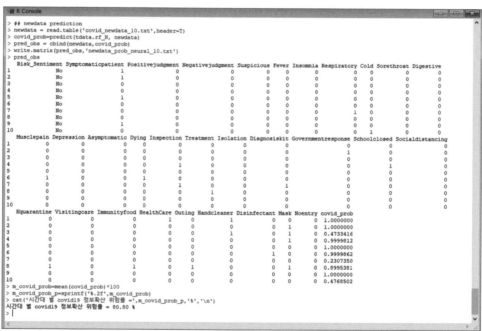

해석 양질의 학습데이터로 신경망 모형을 예측한 결과, 10개의 new data(출력변수의 값: NO)에 대한 시간대별 평균 위험률은 80.80%로 나타났다.

4-2 랜덤포레스트 모형을 적용한
코로나19 정보확산 위험예측 인공지능 개발

```
> rm(list=ls( ))
> setwd("c:/Covid_AI")
> library(MASS)
> install.packages("randomForest")
> library(randomForest)
> memory.size(22000)
> options(scipen=100)
> tNdata = read.table('covid_random_2024_cbr_ok_N.txt',header=T)
```
- 인공지능 예측모형을 개발하기 위해 출력변수의 변수값이 숫자 형식(0, 1)으로 변경된 파일
(covid_random_2024_cbr_ok_N.txt)을 사용함
```
> input=read.table('input_covid_AI_30.txt',header=T,sep=",")
> output=read.table('output_covid_AI.txt',header=T,sep=",")
# random forest modeling
> input_vars = c(colnames(input))
> output_vars = c(colnames(output))
> form = as.formula(paste(paste(output_vars, collapse = '+'),'~',paste(input_
vars, collapse = '+')))
> form
> tdata.rf_N = randomForest(form, data=tNdata, forest=FALSE, importance=TRUE)
```
- tNdata 데이터셋으로 랜덤포레스트 모형을 실행해 인공지능(분류기, 모형함수)을 만듦
```
> tdata.rf_N: 랜덤포레스트 모형의 결정계수(Var explained)를 출력
```
- 랜덤포레스트 모형의 결정계수는 59.27%로 나타남
```
> varImpPlot(tdata.rf_N, main='Random forest importance plot')
```
- 랜덤포레스트 예측모형에 대한 중요도 그림을 화면에 출력
```
> pred=predict(tdata.rf_N, tNdata)
```
- tNdata 데이터셋으로 모형 예측을 실시해 예측집단(tNdata 데이터셋의 입력변수만으로 예측된
출력변수의 분류집단)을 생성
```
> pred_1 = cbind(tNdata, pred)
```
- tNdata 데이터셋에 p_Risk 변수를 추가해 pred_1 객체에 할당
```
> write.matrix(pred_1,'covid_randomforest_total_prob.txt')
```

- pred_1 객체를 'covid_randomforest_total_prob.txt' 파일로 저장

newdata prediction

> newdata = read.table('covid_newdata_10.txt',header=T)

- 출력변수(Risk_Sentiment)가 'No'로 코딩된 10건의 데이터를 newdata에 할당

> covid_prob=predict(tdata.rf_N, newdata)

- 랜덤포레스트 인공지능(tdata.rf_N)으로 newdata 출력변수의 예측확률값을 산출

> pred_obs = cbind(newdata,covid_prob)

> write.matrix(pred_obs,'newdata_prob_random_10.txt')

> pred_obs

> m_covid_prob=mean(covid_prob)*100

> m_covid_prob_p=sprintf('%.2f',m_covid_prob)

> cat('시간대별 Covid19 정보확산 위험률 =',m_covid_prob_p,'%','\n')

- newdata의 시간대별 covid 19 평균 정보확산 위험률을 출력

```
R Console                                                          [_][□][×]
> # Utilizing Artificial Intelligence (Estimation of Probability Values)
>
> rm(list=ls())
> setwd("c:/Covid_AI")
> library(MASS)
> install.packages("randomForest")
Installing package into 'C:/Users/AERO/Documents/R/win-library/3.6'
(as 'lib' is unspecified)
Warning message:
package 'randomForest' is not available (for R version 3.6.3)
> library(randomForest)
> memory.size(22000)
[1] 65357.46
Warning message:
In memory.size(22000) : cannot decrease memory limit: ignored
> options(scipen=100)
> tNdata = read.table('covid_random_2024_cbr_ok_N.txt',header=T)
> input=read.table('input_covid_AI_30.txt',header=T,sep=",")
Warning message:
In read.table("input_covid_AI_30.txt", header = T, sep = ",") :
  incomplete final line found by readTableHeader on 'input_covid_AI_30.txt'
> output=read.table('output_covid_AI.txt',header=T,sep=",")
Warning message:
In read.table("output_covid_AI.txt", header = T, sep = ",") :
  incomplete final line found by readTableHeader on 'output_covid_AI.txt'
> # random forest modeling
> input_vars = c(colnames(input))
> output_vars = c(colnames(output))
> form = as.formula(paste(paste(output_vars, collapse = '+'),'~',
+ paste(input_vars, collapse = '+')))
> form
Risk_Sentiment ~ Symptomaticpatient + Positivejudgment + Negativejudgment +
    Suspicious + Fever + Insomnia + Respiratory + Cold + Sorethroat +
    Digestive + Musclepain + Depression + Asymptomatic + Dying +
    Inspection + Treatment + Isolation + Diagnosiskit + Governmentresponse +
    Schoolclosed + Socialdistancing + Kquarantine + Visitingcare +
    Immunityfood + HealthCare + Outing + Handcleaner + Disinfectant +
    Mask + Noentry
> |
```

```
> tdata.rf_N = randomForest(form, data=tNdata ,forest=FALSE,importance=TRUE)
Warning message:
In randomForest.default(m, y, ...) :
  The response has five or fewer unique values.  Are you sure you want to do regre$
> tdata.rf_N

Call:
 randomForest(formula = form, data = tNdata, forest = FALSE, importance = TRUE)
               Type of random forest: regression
                     Number of trees: 500
No. of variables tried at each split: 10

         Mean of squared residuals: 0.03718834
                   % Var explained: 59.27
> varImpPlot(tdata.rf_N, main='Random forest importance plot')
> pred=predict(tdata.rf_N, tNdata)
> pred_1 = cbind(tNdata, pred)
> write.matrix(pred_1,'covid_randomforest_total_prob.txt')
> |
```

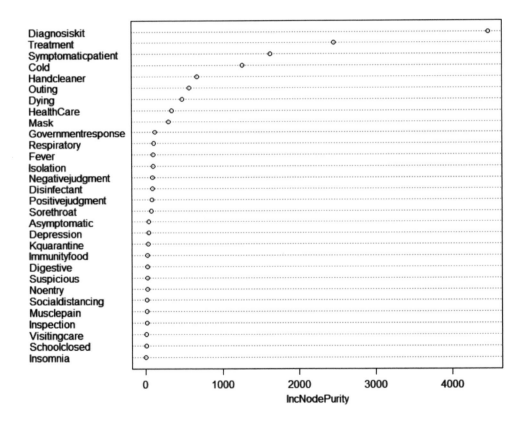

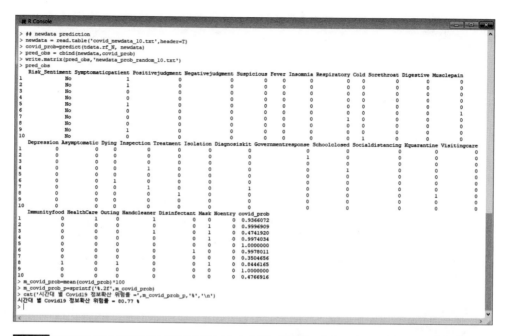

해석 양질의 학습데이터로 랜덤포레스트 모형을 예측한 결과, 10개의 new data(출력변수의 값: NO)에 대한 시간대별 평균 위험률은 80.77%로 나타났다.

신경망 모형을 적용한 코로나19 정보확산 위험예측 인공지능 챗봇 개발을 위한 방법은 다음과 같다(아래 그림 참조).

- 1단계: 실시간 크롤링된 코로나19 관련 온라인 문서를 개발된 온톨로지에 따라 형태소 분석을 실시(예: 문서에서 확진자, 유증상자 키워드가 있으면 Symptomaticpatient는 1로 코딩, 없으면 0으로 코딩, 총 30개의 새로운 입력변수에 대해 동일한 방법으로 코딩)
- 2단계: 중개 서버를 통해 '1단계'에서 생성된 메타변수를 서버에 입력
- 3단계: 신경망 모형을 통해 데이터를 학습(사용자 연결 대기상태)
- 4단계: 신경망 AI 스크립트를 실행

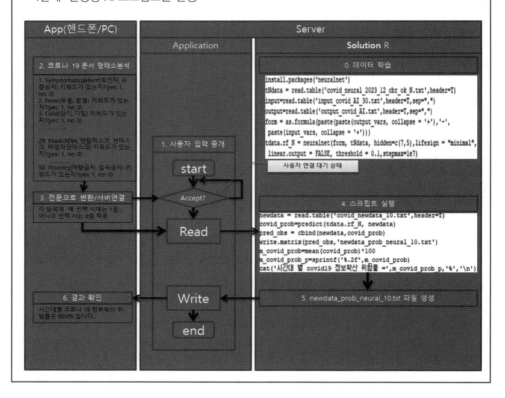

5 | 입력변수가 출력변수에 미치는 영향력 산출

앞 장에서 코로나19 정보확산 위험예측 인공지능을 개발했다면, 각각의 입력변수가 정보확산 위험예측에 어느 정도 영향을 미치는지 살펴볼 수 있다. 인공지능으로 출력변수를 예측할 때, 각각의 입력변수가 출력변수에 미치는 영향력을 정확히 파악하기는 어렵다. 따라서 본서에서는 랜덤포레스트 모형을 사용하여 입력변수가 출력변수에 미치는 영향력을 분석하는 방법을 제시하였다.

랜덤포레스트에서 측정되는 Mean Decrease Accuracy(%IncMSE)는 정확도를 나타내며, Mean Decrease Gini(IncNodePurity)는 중요도를 나타낸다. 따라서 본서에서는 랜덤포레스트 모형에서 각각의 입력변수의 정확도(Mean Decrease Accuracy)를 측정하여 출력변수(코로나19 위험여부)에 미치는 영향력을 다음과 같이 산출하였다.

첫째, 랜덤포레스트 모형에서 산출된 각각의 입력변수의 정확도를 합(sum)친다. 둘째, 각각의 입력변수의 정확도를 모든 입력변수의 정확도의 합으로 나눈다(이때 산출된 입력변수의 weight 합은 1이 된다). 셋째, 랜덤포레스트 모형의 결과로 산출된 출력변수의 평균 예측값을 두 번째 산출된 weight 값으로 곱한다(이때 산출된 각각의 입력변수의 영향력의 합은 평균 예측값이 된다).

```
> rm(list=ls( ))
> setwd("c:/Covid_AI")
> library(MASS)
> install.packages("randomForest")
> library(randomForest)
> memory.size(22000)
> options(scipen=100)
> tNdata = read.table('covid_random_2024_cbr_ok_N.txt',header=T)
> input=read.table('input_covid_AI_30.txt',header=T,sep=",")
> output=read.table('output_covid_AI.txt',header=T,sep=",")
# random forest modeling
> input_vars = c(colnames(input))
> output_vars = c(colnames(output))
```

> form = as.formula(paste(paste(output_vars, collapse = '+'),'~',paste(input_vars, collapse = '+')))

> form

> tdata.rf_N = randomForest(form, data=tNdata, forest=FALSE, importance=TRUE)

 - tNdata 데이터셋으로 랜덤포레스트 모형을 실행해 인공지능(분류기, 모형함수)을 만듦

> importance(tdata.rf_N): 각각의 입력변수에 대해 정확도(%IncMSE)와 중요도(IncNodePurity)를 산출

> weight=importance(tdata.rf_N): 입력변수의 정확도와 중요도를 weight에 저장

> write.matrix(weight,'covid_randomforest_weight_2024.txt')

 - 각각의 입력변수의 정확도와 중요도를 파일로 저장

> weight_inc=read.table('covid_randomforest_weight_2024.txt',header=T)

 - 저장된 입력변수의 정확도와 중요도를 weight_inc에 할당

> input_variable=read.table('inputvariable_randomforest.txt',header=T)

 - 입력변수가 저장된 파일(inputvariable_randomforest.txt)을 input_variable에 할당

> weight_varinc=cbind(input_variable,weight_inc)

 - 입력변수, 정확도, 중요도를 하나의 파일로 합침

> inc_sum=sum(weight_varinc$X.IncMSE)

 - 각 입력변수의 정확도를 모든 입력변수의 정확도의 합으로 나눔

> inc_sum

> zweight=weight_inc$X.IncMSE/inc_sum

> zweight_t=cbind(weight_varinc,zweight)

 - 산출된 각 입력변수의 weight를 합쳐 zweight_t 파일로 저장

> zweight_t

> sum(zweight): zweight의 합은 1이 됨

> varImpPlot(tdata.rf_N, main='Random forest importance plot')

 - 정확도와 중요도 그림을 화면에 출력

> pred=predict(tdata.rf_N, tNdata)

 - tNdata 내의 입력변수만으로 위험 예측확률값을 산출해 pred에 저장

> weight_variable=zweight*mean(pred): 평균 예측확률값에 입력변수의 weight를 곱함

> weight_variable

> sum(weight_variable): weight_variable의 합은 mean(pred)과 동일함

> last_weight=cbind(zweight_t,weight_variable): weight_variable을 합침

> last_weight

> write.matrix(last_weight,'covid_randomforest_weight_last_2024.txt')

```
> setwd("c:/Covid_AI")
> library(MASS)
> install.packages("randomForest")
Installing package into 'C:/Users/AERO/Documents/R/win-library/3.6'
(as 'lib' is unspecified)
Warning message:
package 'randomForest' is not available (for R version 3.6.3)
> library(randomForest)
> memory.size(22000)
[1] 65357.46
Warning message:
In memory.size(22000) : cannot decrease memory limit: ignored
> options(scipen=100)
> tNdata = read.table('covid_random_2020_30_cbr_ok_N.txt',header=T)
> input=read.table('input_covid_AI_30.txt',header=T,sep=",")
Warning message:
In read.table("input_covid_AI_30.txt", header = T, sep = ",") :
  incomplete final line found by readTableHeader on 'input_covid_AI_30.txt'
> output=read.table('output_covid_AI.txt',header=T,sep=",")
Warning message:
In read.table("output_covid_AI.txt", header = T, sep = ",") :
  incomplete final line found by readTableHeader on 'output_covid_AI.txt'
> # random forest modeling
> input_vars = c(colnames(input))
> output_vars = c(colnames(output))
> form = as.formula(paste(paste(output_vars, collapse = '+'),'~',
+ paste(input_vars, collapse = '+')))
> form
Risk_Sentiment ~ Symptomaticpatient + Positivejudgment + Negativejudgment +
    Suspicious + Fever + Insomnia + Respiratory + Cold + Sorethroat +
    Digestive + Musclepain + Depression + Asymptomatic + Dying +
    Inspection + Treatment + Isolation + Diagnosiskit + Governmentresponse +
    Schoolclosed + Socialdistancing + Kquarantine + Visitingcare +
    Immunityfood + HealthCare + Outing + Handcleaner + Disinfectant +
    Mask + Noentry
> tdata.rf_N = randomForest(form, data=tNdata ,forest=FALSE,importance=TRUE)
Warning message:
In randomForest.default(m, y, ...) :
  The response has five or fewer unique values.  Are you sure you want to do regression?
> |
```

```
> importance(tdata.rf_N)
                      %IncMSE   IncNodePurity
Symptomaticpatient 1459.575102 2677.3159544749
Positivejudgment    287.176509  176.5609448169
Negativejudgment    249.903293  154.3203608513
Suspicious          148.620415   54.0969595580
Fever               273.712494  261.2827776972
Insomnia              1.529805    0.0001741369
Respiratory         285.782134  291.6367046372
Cold                912.841575 2343.4812886118
Sorethroat          205.668781  190.6762122491
Digestive           135.286665   64.5967374318
Musclepain           74.064545   30.0570989889
Depression          210.198965   94.8484165060
Asymptomatic        233.788315  106.5830462044
Dying               751.746255  995.2246056086
Inspection           59.933114   10.3276902168
Treatment          1591.199104 4744.4987800671
Isolation           282.694439  243.7280305936
Diagnosiskit       1512.405217 6127.1100230862
Governmentresponse  233.764286  183.1181138164
Schoolclosed         71.266547   12.2358037015
Socialdistancing     70.437925   17.6225708050
Kquarantine         161.293234   75.7863848667
Visitingcare         61.715093   12.0115017457
Immunityfood         86.559180   38.6291246057
HealthCare          478.696489  381.8100121492
Outing              548.311716  914.0008261298
Handcleaner         660.995912  877.9802850969
Disinfectant        250.454108  171.9529548381
Mask                636.900328  629.5426743184
Noentry             138.745360   49.7931462052
> |
```

```
> weight=importance(tdata.rf_N)
> write.matrix(weight,'covid_randomforest_weight_2024.txt')
> weight_inc=read.table('covid_randomforest_weight_2024.txt',heade$
> input_variable=read.table('inputvariable_randomforest.txt',heade$
> weight_varinc=cbind(input_variable,weight_inc)
> inc_sum=sum(weight_varinc$X.IncMSE)
> inc_sum
[1] 12075.27
> zweight=weight_inc$X.IncMSE/inc_sum
> zweight_t=cbind(weight_varinc,zweight)
> zweight_t
    input_variable  X.IncMSE   IncNodePurity      zweight
1  Symptomaticpatient 1459.575102 2677.3159544749 0.1208731131
2    Positivejudgment  287.176509  176.5609448169 0.0237822080
3    Negativejudgment  249.903293  154.3203608513 0.0206954674
4          Suspicious  148.620415   54.0969595580 0.0123078369
5               Fever  273.712494  261.2827776972 0.0226672003
6            Insomnia    1.529805    0.0001741369 0.0001266891
7         Respiratory  285.782134  291.6367046372 0.0236667343
8                Cold  912.841575 2343.4812886118 0.0755959750
9           Sorethroat  205.668781  190.6762122491 0.0170322348
10           Digestive  135.286665   64.5967374318 0.0112036169
11          Musclepain   74.064545   30.0570989889 0.0061335741
12          Depression  210.198965   94.8484165060 0.0174073970
13        Asymptomatic  233.788315  106.5830462044 0.0193609232
14               Dying  751.746255  995.2246056086 0.0622550426
15          Inspection   59.933114   10.3276902168 0.0049632952
16           Treatment 1591.199104 4744.4987800671 0.1317734106
17           Isolation  282.694439  243.7280305936 0.0234110303
18        Diagnosiskit 1512.405217 6127.1100230862 0.1252481812
19  Governmentresponse  233.764286  183.1181138164 0.0193589332
20        Schoolclosed   71.266547   12.2358037015 0.0059018610
21    Socialdistancing   70.437925   17.6225708050 0.0058332396
22         Kquarantine  161.293234   75.7863848667 0.0133573225
23         Visitingcare   61.715093   12.0115017457 0.0051108678
24        Immunityfood   86.559180   38.6291246057 0.0071683036
25          HealthCare  478.696489  381.8100121492 0.0396427254
26              Outing  548.311716  914.0008261298 0.0454075341
27          Handcleaner  660.995912  877.9802850969 0.0547396523
28         Disinfectant  250.454108  171.9529548381 0.0207410826
29                Mask  636.900328  629.5426743184 0.0527442030
30             Noentry  138.745360   49.7931462052 0.0114900450
```

   – 각각 입력변수의 정확도와 중요도가 산출됨   – 각각 입력변수에 대한 weight가 산출됨

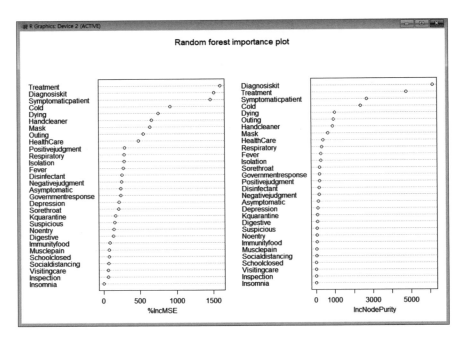

```
> varImpPlot(tdata.rf_N, main='Random forest importance plot')
> pred=predict(tdata.rf_N, tNdata)
> mean(pred)
[1] 0.8913586
> weight_variable=zweight*mean(pred)
> weight_variable
 [1] 0.1077412905 0.0211984759 0.0184470831 0.0109706964 0.0202046043 0.0001129254
 [7] 0.0210955475 0.0673831235 0.0151818292 0.0099864405 0.0054672141 0.0155162333
[13] 0.0172575256 0.0554915684 0.0044240759 0.1174573646 0.0208676235 0.1116410451
[19] 0.0172557519 0.0052606747 0.0051995084 0.0119061644 0.0045556160 0.0063895292
[25] 0.0353358847 0.0404746640 0.0487926606 0.0184877426 0.0470139996 0.0102417506
> sum(weight_variable)
[1] 0.8913586
> last_weight=cbind(zweight_t,weight_variable)
> last_weight
      input_variable    X.IncMSE  IncNodePurity     zweight weight_variable
1   Symptomaticpatient 1459.575102 2677.3159544749 0.1208731131   0.1077412905
2     Positivejudgment  287.176509  176.5609448169 0.0237822080   0.0211984759
3     Negativejudgment  249.903293  154.3203608513 0.0206954674   0.0184470831
4            Suspicious  148.620415   54.0969595580 0.0123078369   0.0109706964
5                 Fever  273.712494  261.2827776972 0.0226672003   0.0202046043
6               Insomnia    1.529805    0.0001741369 0.0001266891   0.0001129254
7            Respiratory  285.782134  291.6367046372 0.0236667343   0.0210955475
8                  Cold  912.841575 2343.4812886118 0.0755959750   0.0673831235
9             Sorethroat  205.668781  190.6762122491 0.0170322348   0.0151818292
10             Digestive  135.286665   64.5967374318 0.0112036169   0.0099864405
11             Musclepain   74.064545   30.0570989889 0.0061335741   0.0054672141
12             Depression  210.198965   94.8484165060 0.0174073970   0.0155162333
13            Asymptomatic  233.788315  106.5830462044 0.0193609232   0.0172575256
14                  Dying  751.746255  995.2246056086 0.0622550426   0.0554915684
15             Inspection   59.933114   10.3276902168 0.0049632952   0.0044240759
16              Treatment 1591.199104 4744.4987800671 0.1317734106   0.1174573646
17               Isolation  282.694439  243.7280305936 0.0234110303   0.0208676235
18            Diagnosiskit 1512.405217 6127.1100230862 0.1252481812   0.1116410451
19       Governmentresponse  233.764286  183.1181138164 0.0193589332   0.0172557519
20             Schoolclosed   71.266547   12.2358037015 0.0059018610   0.0052606747
21           Socialdistancing   70.437925   17.6225708050 0.0058332396   0.0051995084
22              Kquarantine  161.293234   75.7863848667 0.0133573225   0.0119061644
23             Visitingcare   61.715093   12.0115017457 0.0051108678   0.0045556160
24             Immunityfood   86.559180   38.6291246057 0.0071683036   0.0063895292
25               HealthCare  478.696489  381.8100121492 0.0396427254   0.0353358847
26                  Outing  548.311716  914.0008261298 0.0454078341   0.0404746640
27              Handcleaner  660.995912  877.9802850969 0.0547396523   0.0487926606
28             Disinfectant  250.454108  171.9529548381 0.0207410826   0.0184877426
29                   Mask  636.900328  629.5426743184 0.0527442030   0.0470139996
```

해석 출력변수의 평균 위험 예측확률(89.14%)에 각각의 입력변수의 영향력(weight_variable)
은 Treatment(11.75%), Diagnosiskit(11.64%), Symptomaticpatient(10.77%), Cold(6.74%),
Dying(5.55%) 등의 순으로 나타났다.

1 '머신러닝을 활용한 한국의 섹스팅(sexting) 위험예측'의 목적을 달성할 수 있는 인공지능을 개발하라.

※ 본 연습문제에서 섹스팅은 '청소년들이 음란물 관련 메시지를 온라인상에 주고받는 것'으로 정의하였다.

• 학습데이터 : sexting_attitude_S.txt
• 출력변수 : Attitude(Normal, Risk)
• 입력변수
    – Adult_pornography
    – Harmful_advertisements
    – Smishing
    – Child_pornography
    – Nudity
    – Sexual_intercourse
    – Statutory_rape
    – Obscene_acts
    – Violence

2 온라인 채널에서 미세먼지 관련 문서를 수집한 후 기상청 데이터와 연결한 학습데이터(10% sample data)를 이용하여 '머신러닝 기반 미세먼지 위험을 예측하는 인공지능'을 개발하라.

- 학습데이터: fine_particulate_KMA_10%sample_N.txt
- 출력변수: Negative(0: Non_negative, 1: Negative)
- 입력변수
  - 온라인 채널 입력변수: Dust, Yellow_Sand, PM10, Powder, Tobacco, Grilling, China_Influenced, PM2.5, Air_Pollution, Ozone, Smog, Pollutants, Carcinogens, Fossil_Fuel, Bacteria, Exhaust_Gas, Chemical_Substances(0: 해당 요인 없음, 1: 해당 요인 있음)
  - 기상청 입력변수: PM_Bad(0: 일일 미세먼지 나쁘지 않음, 1: 일일 미세먼지 나쁨)
- 심층 신경망(deep neural networks) 예측모형 사례

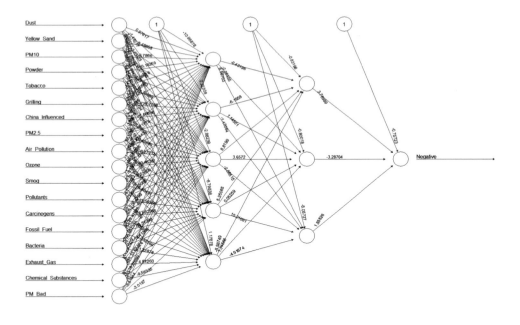

part
2

인공지능
개발 실전

ch 7

정형 데이터를 활용한 인공지능 개발: 청소년 범죄지속 위험예측 인공지능 개발[1]

1 청소년 범죄지속 위험예측 인공지능 개발의 필요성

우리나라의 전체 범죄자 중 소년범죄자의 점유비율은 2012년 5.5%에서 2015년 3.8%까지 감소하였다가 2016년 3.9%, 2017년 4.0%로 2년 연속 증가하였으나, 이후 2018년 3.9%, 2019년 3.8%로 2년 연속 감소하였고, 2020년과 2021년에는 각 4.0% 를 기록하고 있다. 14세~15세 소년 형법범죄 연령층은 2016년부터 증가 추세를 보이면서 2020년에는 2,059명까지 증가하였다가, 2021년에는 다시 감소하여 1,747명으로 등락을 반복하고 있다. 연도별 재범 비율을 살펴보면 성인은 2012년에서 2021년에 이르기까지 전반적인 감소 추세를 보이고 있고, 청소년은 2012년 37.9% 이후 증가하여 2013년 42.3%로 최고치를 기록하였으나, 2021년에 30.3%에 이르기까지 감소 추세를 보이고 있다(법무연수원, 2022). 그러나 청소년 강력범죄(흉악)율은 2012년 4.2%에서 대체적으로 증가하는 경향을 보이면서 2021년에는 8.5%를 차지하여 청소년 범죄는 갈수록 흉폭해지고 있다(법무연수원, 2022).

---

1 본 연구는 펜실베이니아 주립대학교 연구개발비(Pennsylvania State University Research Development Grant)를 지원받아 수행되었으며, 해외 학술지에 게재하기 위하여 '송주영 교수(펜실베이니아 주립대학교)와 송태민 교수(가천대학교)'가 공동으로 수행한 연구임을 밝힌다.

청소년의 재범을 사전에 예방하기 위해서는 재범이 심각한 청소년 범죄자에게 나타나는 특정 위험요소를 파악하는 것이 매우 중요하다. 청소년 재범은 정적 위험요인 및 동적 위험요인과 관련이 있다고 보고 있다(Resnick et al., 2004; Mulder et al., 2010). 정적 위험요인은 변화할 수 없지만 동적 위험요인은 중재에 의해 변화할 수 있기 때문에 청소년의 재범 위험요인을 파악하기 위해서는 동적 위험요인을 중요하게 다루어야 한다(Lodewijks et al., 2008; Mulder et al., 2010). 청소년의 재범 위험을 평가하는 도구로는 정적 위험요인(과거경험요소)과 동적 위험요인(사회적 요소, 개인적 요소)을 모두 포함하고 있는 SAVRY(Structured Assessment of Violence Risk in Youth)가 대표적으로 사용되고 있다.

한편 조사를 통해 재범 위험요인을 파악하는 방법은 표본의 크기가 작거나 짧은 기간에 입소한 청소년의 범죄지속을 예측하는 데는 가능하지만, 소년보호기관에 입소한 전체 청소년을 대상으로 범죄지속 위험을 탐색하고 예측하는 데는 제한적이다. 따라서 청소년 위험예측을 위한 빅데이터는 중요한 자료원이 될 수 있으며, 이를 머신러닝 알고리즘을 사용하면 거대한 빅데이터에서 청소년 재범을 탐색하고 예측하는 데 보다 좋은 결과를 얻을 수 있을 것이다. 본 연구는 한국의 소년분류심사원에 입원한 위탁소년에 대해 SAVRY와 모집단차별론에 근거한 환경조사 자료를 활용해 머신러닝을 기반으로 청소년 범죄지속의 위험을 예측할 수 있는 인공지능을 개발하고자 한다.

2 | 청소년 범죄지속 위험예측 인공지능 학습데이터 생성

본 연구의 인공지능 학습데이터는 2016년 5월~6월 기간 중 한국의 전국 소년분류심사원에 입원한 465명(남자: 372명, 여자: 93명)[2]에 대해 SAVRY와 모집단차별론에 근거한 환경조사 자료를 활용하였다. 청소년 범죄경력 데이터를 활용하여 범죄지속 위험예측 인공지능을 개발하기 위해서는 출력변수(종속변수)와 입력변수(독립변수)의 선정

---

2 본 연구에서는 2개월간 소년분류심사원에 입원한 환경조사 자료를 활용하였지만, 향후 10년 이상의 환경조사 자료(빅데이터)를 활용할 경우 인공지능의 학습능력은 더욱 향상될 것으로 본다.

이 가장 우선되어야 한다. 청소년 범죄지속 위험예측을 위한 출력변수와 입력변수는 다음과 같은 절차로 선정할 수 있다.

첫째, 출력변수를 선정한다. 본 연구에 사용된 출력변수(종속변수)로는 범죄경력 (Crime careers) 조사항목을 사용하였다. 초범(First offender)은 소년원에 처음 입소한 청소년으로, 재범(Recidivist)은 소년원에 2번 이상 입소한 청소년으로 정의하였다[표 7-1].

둘째, 입력변수를 선정하기 위해 다음과 같이 이론적 배경을 정리한다.[3] 청소년 재범을 억제하기 위한 방안으로 위험요인에 대한 진단이 모색되어왔다(Howell, 2003; Vincent et al., 2012). 위험요인에 대한 진단은 재범의 가능성을 평가하는 것으로 범죄를 저질러 형사사법시스템을 거쳐 간 청소년들이 또 범죄를 저지를 가능성이 있는지 예측하는 것이다(Lee & Cho, 2017). 청소년 재범을 예방하기 위한 위험요인의 진단은 청소년의 개인별 범죄유발욕구요소나 가족 또는 비행친구 집단과 같이 처우가 가능한 동적 위험요인에 초점을 맞추어야 한다(Perrault et al., 2012). 따라서 성별, 초기 비행연령과 같이 변화시킬 수 없는 요인보다는 변화 가능한 동적 위험요인에 초점을 두고 그에 맞는 적절한 처우를 통해 재범의 위험성을 낮추는 것이 필요하다(Vincent et al., 2012; Lee & Cho, 2017).

청소년의 재범 위험요구평가(RNA, Risk Needs Assessment) 도구로는 정적 및 동적 요인을 모두 포함하고 있는 SAVRY(Borum et al., 2000)가 대표적으로 사용되고 있다. SAVRY의 정적 위험요인으로는 과거경험요인인 폭력전과, 비폭력전과, 최초폭력연령, 과거감독/중재실패, 자해나 자살 시도경험, 가정폭력노출, 어린시절학대경험, 부모/보호자의 범죄경력, 초기보호자의 보호능력 상실, 부족한 학업성취도가 포함된다. SAVRY의 동적 위험요인으로는 사회적 위험요인인 비행친구, 따돌림, 스트레스 및 문제대체능력, 부족한 부모의 관리능력, 개인적/사회적 지지의 결핍, 지역사회해체가 포함되며, 개인적 위험요소에는 부정적태도, 위험행동에 대한 충동성, 물질오남용, 분노조절능력, 낮은 공감능력/죄책감, 주의력결핍/과잉행동장애, 낮은 준법정신, 낮은 학업/

---

3 본 이론적 배경의 내용은 '송주영·송태민 (2018).《빅데이터를 활용한 범죄예측》. pp. 328-330' 부분에서 발췌한 것임을 밝힌다.

직업에의 전념이 포함된다. SAVRY에는 정적, 동적 위험요인 외에 보호요인인 친사회적행동, 강한사회적 유대, 강한애착과 유대, 중재와 권위에 대한 긍정적 태도, 학업/직업에의 강한 전념, 탄력적인 성격이 포함된다.

SAVRY는 전 세계에서 청소년 범죄자의 폭력위험성을 평가하는 데 가장 많이 활용되는 도구 중 하나로(Zhou et al., 2017), 많은 연구에서 폭력 및 비폭력 범죄 재범에 대한 예측력이 정확한 것으로 나타났다(Lodewijks et al., 2008; Shepherd et al., 2014; Whou et al., 2017). 하웰(Howell, 2003)은 청소년 재범을 억제하는 요인을 가정, 학교, 친구, 지역사회, 개인 등으로 분류하였으며, 위험요인들(학교와의 낮은 유대, 비행친구, 공격성, 낮은 학교성적, 부모와의 부정적/약한 관계성, 낮은 지적능력, 결손가정, 가정의 낮은 경제적 수준 등)에 많이 노출될수록 범죄를 저지를 기회가 높아짐을 강조하며 이러한 위험요인들을 통해 고위험군 위기집단을 선별하고 위험요인들을 차단하는 전략이 구축되어야 한다고 분석했다(Park, 2015).

셋째, 이론적 배경을 분석하여 입력변수(독립변수)를 선정한다. 본 연구의 입력변수(독립변수)로는 조사항목에서 부모결손(Single parent), 친구의 부모결손(Single parent of peer), 비행친구(Delinquent peer), 가출(Running away), 자해(Self-injury), 학교결석(Absence from school), 음주(Drinking), 흡연(Smoking), 약물(Drug use), 성경험(Sexual relationship), 우울(Depression), 자살생각(Suicide attempt)의 12개 변수를 사용하였다[표 7-1].

[표 7-1] 청소년 범죄경력 학습데이터의 출력변수와 입력변수의 구성

구분	변수	변수 설명
출력변수 (Labels)	범죄경력 (Crime_careers)	초범(First offender)=0, 재범(Recidivist)=1
입력변수 (Feature Vectors)	부모결손 (Single parent)	No=0, YES=1
	친구의 부모결손 (Single parent of peer)	No=0, YES=1
	비행친구 (Delinquent peer)	No=0, YES=1
	가출 (Running away)	No=0, YES=1

구분	변수	변수 설명
입력변수 (Feature Vectors)	자해 (Self-injury)	No=0, YES=1
	학교결석 (Absence from school)	No=0, YES=1
	음주 (Drinking)	No=0, YES=1
	흡연 (Smoking)	No=0, YES=1
	약물 (Drug use)	No=0, YES=1
	성경험 (Sexual relationship)	No=0, YES=1
	우울 (Depression)	No=0, YES=1
	자살생각 (Suicide attempt)	No=0, YES=1

본서에서는 청소년 범죄경력 자료를 이용하여 2종의 인공지능 학습데이터를 구성하였다. 학습데이터의 구성은 수집된 465건의 자료를 대상으로 하였다. 인공지능을 개발하기 위한 머신러닝 학습데이터는 2가지 형태로 구성하여야 한다.

첫째, 인공지능 모형을 평가하기 위해 [그림 7-1]과 같이 출력변수의 변수값의 이름(value label)을 문자 형식(string)으로 지정하여야 한다.

ID	gender	Crime_careers	First_offender	Recidivist	Single_parent	Single_parent_of_peer	Delinquent_peer	Running_away	Self_injury	Absence_from_school	Smoking	Drinking
1	male	First_offender	1.00	.00	1.00	1.00	1.00	1.00	1.00	1.00	1.00	1.00	1.00	.00
8	male	First_offender	1.00	.00	1.00	1.00	1.00	.00	.00	.00	1.00	1.00	.00	.00
9	male	First_offender	1.00	.00	.00	1.00	.00	1.00	.00	.00	1.00	1.00	.00	.00
10	male	First_offender	1.00	.00	.00	.00	.00	1.00	.00	.00	1.00	1.00	.00	.00
31	male	Recidivist	.00	1.00	1.00	1.00	1.00	1.00	.00	1.00	1.00	1.00	.00	1.00	.00	.00
32	male	Recidivist	.00	1.00	1.00	1.00	1.00	.00	1.00	1.00	1.00	.00	1.00	1.00	.00
33	male	First_offender	1.00	.00	1.00	1.00	1.00	.00	1.00	1.00	1.00	.00	.00	.00	.00
34	male	First_offender	1.00	.00	.00	1.00	.00	.00	.00	.00	.00	1.00	1.00	.00
35	male	First_offender	1.00	.00	.00	1.00	1.00	.00	.00	.00	1.00	1.00	.00	.00
36	male	First_offender	1.00	.00	1.00	1.00	1.00	1.00	.00	1.00	1.00	.00	1.00	.00	.00
37	male	First_offender	1.00	.00	.00	1.00	1.00	.00	.00	1.00	1.00	.00	1.00	.00	.00
38	male	First_offender	1.00	.00	.00	.00	1.00	.00	.00	.00	1.00	1.00	.00	.00	.00
39	male	First_offender	1.00	.00	.00	.00	1.00	.00	.00	.00	.00	1.00	.00	.00	.00	1.00
40	male	First_offender	1.00	.00	.00	1.00	1.00	.00	.00	1.00	1.00	.00	.00	.00	.00
41	male	First_offender	1.00	.00	.00	1.00	1.00	1.00	.00	.00	1.00	.00	1.00	.00	.00
42	male	First_offender	1.00	.00	.00	1.00	1.00	.00	.00	.00	1.00	1.00	.00	.00	.00
43	male	First_offender	1.00	.00	1.00	1.00	1.00	.00	1.00	1.00	1.00	.00	1.00	.00	1.00
44	male	First_offender	1.00	.00	.00	1.00	1.00	.00	.00	1.00	1.00	.00	.00	.00	.00
45	male	First_offender	1.00	.00	.00	.00	.00	.00	.00	1.00	1.00	.00	1.00	.00	.00

[그림 7-1] 인공지능 학습데이터 (변수값: 문자형)

둘째, 인공지능의 예측모형을 개발하기 위해 [그림 7-2]와 같이 출력변수의 변수값의 이름을 숫자 형식(numeric)으로 지정하여야 한다.

ID	gender	Crime_careers	First_offender	Recidivist	Single_parent	Single_parent_of_peer	Delinquent_peer	Running_away	Self_injury	Absence_from_school	Smoking		
1	1	.00	1.00	.00	1.00	1.00	1.00	1.00	1.00	1.00	1.00	1.00	1.00	.00
8	1	.00	1.00	.00	1.00	1.00	1.00	.00	.00	1.00	1.00	1.00	.00	.00	.00
9	1	.00	1.00	.00	.00	1.00	.00	1.00	.00	.00	1.00	1.00	.00	1.00	.00	.00
10	1	.00	1.00	.00	.00	.00	.00	1.00	.00	1.00	1.00	1.00	.00	1.00	.00	.00
31	1	1.00	.00	1.00	1.00	1.00	1.00	.00	1.00	1.00	1.00	.00	1.00	.00	.00
32	1	1.00	.00	1.00	1.00	1.00	1.00	.00	1.00	1.00	1.00	.00	1.00	1.00	.00
33	1	.00	1.00	.00	1.00	1.00	.00	.00	.00	1.00	1.00	.00	1.00	.00	.00
34	1	.00	1.00	.00	.00	1.00	.00	.00	.00	.00	.00	.00	1.00	1.00	.00
35	1	.00	1.00	.00	.00	1.00	.00	.00	1.00	1.00	.00	1.00	.00	.00
36	1	.00	1.00	.00	1.00	1.00	1.00	1.00	.00	1.00	1.00	.00	1.00	.00	.00
37	1	.00	1.00	.00	.00	1.00	1.00	.00	.00	1.00	1.00	.00	1.00	.00	.00
38	1	.00	1.00	.00	.00	.00	1.00	.00	.00	1.00	1.00	.00	.00	.00	.00
39	1	.00	1.00	.00	.00	.00	1.00	.00	.00	.00	.00	.00	.00	.00	1.00
40	1	.00	1.00	.00	.00	1.00	.00	1.00	.00	1.00	1.00	.00	.00	.00	.00
41	1	.00	1.00	.00	.00	1.00	1.00	1.00	.00	1.00	1.00	.00	.00	.00	.00
42	1	.00	1.00	.00	.00	1.00	1.00	.00	.00	1.00	1.00	.00	.00	.00	.00
43	1	.00	1.00	.00	1.00	1.00	.00	1.00	.00	1.00	1.00	.00	1.00	.00	1.00
44	1	.00	1.00	.00	.00	1.00	1.00	.00	1.00	1.00	1.00	.00	1.00	.00	.00
45	1	.00	1.00	.00	.00	.00	.00	.00	.00	1.00	1.00	.00	1.00	.00	.00
46	1	.00	1.00	.00	1.00	1.00	.00	.00	.00	1.00	1.00	.00	1.00	.00	.00

[그림 7-2] 인공지능 학습데이터 (변수값: 숫자형)

3 청소년 범죄지속 위험예측 인공지능 개발

머신러닝을 활용한 청소년 범죄지속 위험예측 인공지능 개발 절차는 [그림 7-3]과 같다.

- 첫째, 지도학습 알고리즘을 이용하여 학습데이터(learning data)를 훈련데이터(training data)와 시험데이터(test data)로 분할하여 학습하고 모형을 평가한 후, 최적 모형을 선정한다.
- 둘째, 선정된 최적 모형을 이용해 원데이터의 입력변수만으로 출력변수를 예측한다.
- 셋째, 원데이터의 출력변수와 예측데이터의 출력변수를 활용하여 모형 평가에서 산출된 정확도, 민감도, 특이도를 평가하여 양질의 학습데이터를 생성한다.
- 넷째, 양질의 학습데이터를 이용해 선정된 최적 모형으로 청소년 범죄지속 위험을 예측하는 인공지능을 개발한다.

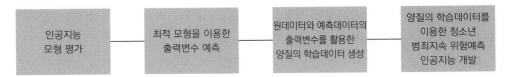

[그림 7-3] 청소년 범죄지속 위험예측 인공지능 개발 절차

[그림 7-3]의 인공지능 모형 평가 및 학습 과정은 [그림 7-4]와 같다.

- 첫째, 청소년 범죄경력 데이터(learning data)를 훈련데이터(training data)와 시험데이터(test data)로 분할하고, 훈련데이터로 머신러닝의 알고리즘을 적용하여 인공지능(분류기, 모형함수)을 개발한다.
- 둘째, 개발된 인공지능을 시험데이터로 실행한 후, 시험데이터의 출력변수와 예측데이터의 출력변수로 정확도 등을 평가한다.
- 셋째, 평가 결과가 가장 우수한 모형(인공지능)을 선택한 후, 출력변수(Labels)가 없는 신규데이터(new data)를 입력받아 신규데이터의 출력변수를 예측한다.

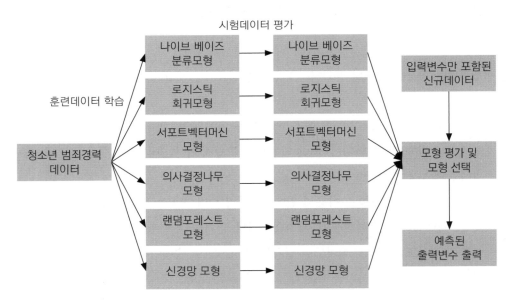

[그림 7-4] 청소년 범죄경력 데이터를 이용한 인공지능 모형 평가 및 학습 과정

3-1 인공지능 모형 평가

지도학습 알고리즘을 이용하여 청소년 범죄경력 학습데이터(465건)를 훈련데이터와 시험데이터의 비율을 1:1으로 분할[4]하여 학습한 후 모형을 평가한 결과, 정확도와 민감도가 신경망 모형이 가장 높은 것으로 나타났다. 그리고 AUC는 랜덤포레스트 모형이 가장 높은 것으로 나타났다. 따라서 본 연구에서는 정확도와 민감도가 상대적으로 우수한 신경망 모형을 최적 모형으로 선정하였다.

[표 7-2] 청소년 범죄지속 위험예측 인공지능 모형 평가 (1:1)

Evaluation Index	Naïve Bayes classification	neural networks	logistic regression	support vector machines	random forests	decision trees
accuracy	69.25	80.65	72.69	73.76	79.57	72.9
error rate	30.75	19.35	27.31	26.24	20.43	27.1
specificity	79.94	89.68	97.05	1	94.29	1
sensitivity	40.48	56.35	7.1	3.2	26.19	0
precision	42.86	66.98	47.37	1	94.29	NaN
AUC	0.66	0.83	0.69	0.79	0.89	0.61
	best accuracy			neural networks		
	best error rate			neural networks		
	best specificity			logistic regression		
	best sensitivity			neural networks		
	best precision			random forests		
	best AUC(Area Under the Curve)			random forests		

---

4 학습데이터가 많을 경우 훈련데이터와 시험데이터의 비율을 5:5 또는 7:3으로 분할하여 학습하여야 하나, 본 연구에서는 학습데이터가 적어 1:1로 동일하게 분할하여 학습하였다.

1) 나이브 베이즈 분류모형 평가

> rm(list=ls( )): 모든 변수를 초기화

> setwd("c:/Crime_Careers_AI"): 작업용 디렉터리 지정

> install.packages('MASS'): MASS 패키지 설치

> library(MASS): write.matrix( ) 함수가 포함된 MASS 패키지 로딩

> install.packages('e1071'): e1071 패키지 설치

> library(e1071): e1071 패키지 로딩

> tdata = read.table('crime_career_label.txt',header=T)

- 학습데이터 파일을 tdata 객체에 할당

- 인공지능 모형 평가를 위해서는 학습데이터에 포함된 출력변수(Crime_careers)의 값을 String format(First_offender, Recidivist)으로 코딩하여야 함

> input=read.table('input_crime.txt',header=T,sep=",")

- 입력변수(Single_parent~Suicide_attempt)를 구분자(,)로 input 객체에 할당

> output=read.table('output_crime_DE.txt',header=T,sep=",")

- 출력변수(Crime_careers)를 구분자(,)로 output 객체에 할당

> input_vars = c(colnames(input))

- input 변수를 벡터값으로 input_vars 변수에 할당

> output_vars = c(colnames(output))

- output 변수를 벡터값으로 output_vars 변수에 할당

> form = as.formula(paste(paste(output_vars, collapse = '+'),'~',paste(input_vars, collapse = '+')))

- 문자열을 결합하는 함수(paste)를 사용해 나이브 베이즈 모형의 함수식을 form 변수에 할당

> form: 나이브 베이즈 모형의 함수식을 출력

> train_data.lda=naiveBayes(form, data=tdata)

- tdata 데이터셋(전체 데이터)으로 나이브 베이즈 모형을 실행하여 인공지능(분류기, 모형함수)을 만듦

> p=predict(train_data.lda, tdata, type='class')

- 인공지능(train_data.lda)을 활용하여 tdata 데이터셋으로 모형 예측을 실시하여 예측집단(분류집단)을 생성

> table(tdata$Crime_careers,p)

- 모형 비교를 위해 실제집단과 예측집단에 대한 모형 평가를 실시

2) 신경망 모형 평가

```
> rm(list=ls( ))
> setwd("c:/Crime_Careers_AI")
> install.packages("nnet")
> library(nnet)
> tdata = read.table('crime_career_label.txt',header=T)
> input=read.table('input_crime.txt',header=T,sep=",")
> output=read.table('output_crime_DE.txt',header=T,sep=",")
> input_vars = c(colnames(input))
> output_vars = c(colnames(output))
> form = as.formula(paste(paste(output_vars, collapse = '+'),'~', paste(input_
vars, collapse = '+')))
> form
> tr.nnet = nnet(form, data=tdata, size=7, itmax=200)
```
- tdata 데이터셋으로 1개의 은닉층에 7개의 은닉노드를 가진 신경망 모형을 실행해 인공지능(분류기, 모형함수)을 만듦
```
> p=predict(tr.nnet, tdata, type='class')
```
- 인공지능(tr.nnet)을 활용해 tdata 데이터셋으로 모형 예측을 실시하여 예측집단(분류집단)을 생성
```
> table(te_data$Crime_careers,p)
```
- 모형 비교를 위해 실제집단과 분류집단에 대한 모형 평가를 실시

3) 로지스틱 회귀모형 평가

```
> rm(list=ls( ))
> setwd("c:/Crime_Careers_AI")
> tdata = read.table('crime_career_numeric.txt',header=T)
```
- 학습데이터 파일을 tdata 객체에 할당
- 로지스틱 회귀모형의 평가를 위해서는 학습데이터에 포함된 출력변수(Crime_careers)의 범주를 numeric format(First_offender=0, Recidivist=1)으로 코딩하여야 함
```
> input=read.table('input_crime.txt',header=T,sep=",")
> output=read.table('output_crime_DE.txt',header=T,sep=",")
> input_vars = c(colnames(input))
```

```
> output_vars = c(colnames(output))
> form = as.formula(paste(paste(output_vars, collapse = '+'),'~', paste(input_vars, collapse = '+')))
> form
> i_logistic=glm(form, family=binomial, data=tdata)
> p=predict(i_logistic,tdata,type='response')
> p=round(p): 예측확률을 반올림(round)해 p 객체에 저장
> table(tdata$Crime_careers,p)
```

4) 서포트벡터머신 모형 평가

```
> rm(list=ls( ))
> setwd("c:/Crime_Careers_AI")
> library(e1071)
> tdata = read.table('crime_career_label.txt',header=T)
> input=read.table('input_crime.txt',header=T,sep=",")
> output=read.table('output_crime_DE.txt',header=T,sep=",")
> input_vars = c(colnames(input))
> output_vars = c(colnames(output))
> form = as.formula(paste(paste(output_vars, collapse = '+'),'~', paste(input_vars, collapse = '+')))
> form
> svm.model=svm(form,data=tdata,kernel='radial')
> p=predict(svm.model, tdata)
> table(tdata$Crime_careers,p)
```

5) 랜덤포레스트 모형 평가

```
> rm(list=ls( ))
> setwd("c:/Crime_Careers_AI")
> install.packages("randomForest")
> library(randomForest)
> memory.size(22000)
```

```
> tdata = read.table('crime_career_label.txt',header=T)
> input=read.table('input_crime.txt',header=T,sep=",")
> output=read.table('output_crime_DE.txt',header=T,sep=",")
> input_vars = c(colnames(input))
> output_vars = c(colnames(output))
> form = as.formula(paste(paste(output_vars, collapse = '+'),'~', paste(input_vars, collapse = '+')))
> form
> tdata.rf = randomForest(form, data=tdata, forest=FALSE, importance=TRUE)
> p=predict(tdata.rf, tdata)
> table(tdata$Crime_careers,p)
```

6) 의사결정나무 모형 평가

```
> install.packages('party'); library(party)
> rm(list=ls( ))
> setwd("c:/Crime_Careers_AI")
> tdata = read.table('crime_career_label.txt',header=T)
> input=read.table('input_crime.txt',header=T,sep=",")
> output=read.table('output_crime_DE.txt',header=T,sep=",")
> input_vars = c(colnames(input))
> output_vars = c(colnames(output))
> form = as.formula(paste(paste(output_vars, collapse = '+'),'~', paste(input_vars, collapse = '+')))
> form
> i_ctree=ctree(form,tdata)
> p=predict(i_ctree, tdata)
> table(tdata$Crime_careers,p)
```

7) 나이브 베이즈 분류모형 ROC

```
> rm(list=ls( )): 모든 변수를 초기화
> setwd("c:/Crime_Careers_AI"): 작업용 디렉터리 지정
> install.packages('MASS'): MASS 패키지 설치
```

› library(MASS): write.matrix() 함수가 포함된 MASS 패키지 로딩

› install.packages('e1071'): e1071 패키지 설치

› library(e1071): e1071 패키지 로딩

› install.packages('ROCR'): ROC 곡선 생성 패키지 설치

› library(ROCR): ROCR 패키지 로딩

› tdata = read.table('crime_career_numeric.txt',header=T)

- 학습데이터 파일(numeric format)을 tdata 객체에 할당

› input=read.table('input_crimetxt',header=T,sep=",")

- 입력(독립)변수를 구분자(,)로 input 객체에 할당

› output=read.table('output_crime_DE',header=T,sep=",")

- 출력(종속)변수를 구분자(,)로 output 객체에 할당

› p_output=read.table('p_output_bayes.txt',header=T,sep=",")

- 예측확률 변수(p_First_offender, p_Recidivist)를 구분자(,)로 p_output 객체에 할당

› input_vars = c(colnames(input)): input 변수를 벡터값으로 input_vars 변수에 할당

› output_vars = c(colnames(output)): output 변수를 벡터값으로 output_vars 변수에 할당

› p_output_vars = c(colnames(p_output))

- p_output 변수를 벡터값으로 p_output_vars 변수에 할당

› form = as.formula(paste(paste(output_vars, collapse = '+'),'~', paste(input_vars, collapse = '+')))

- 문자열을 결합하는 함수(paste)를 사용해 나이브 베이즈 모형의 함수식을 form 변수에 할당

› form: 나이브 베이즈 모형의 함수식을 출력

› train_data.lda=naiveBayes(form,data=tdata)

- tdata 데이터셋으로 나이브 베이즈 분류모형으로 모형 예측을 실행하여 인공지능(분류기, 모형함수)을 만듦

› p=predict(train_data.lda, tdata, type='raw')

- 인공지능(train_data.lda)을 활용해 tdata로 예측집단(분류집단)을 생성

› dimnames(p)=list(NULL,c(p_output_vars))

- 예측된 출력변수의 확률값을 p_First_offender(초범 예측확률) 변수와 p_Recidivist(재범 예측확률) 변수에 할당

› summary(p)

› mydata=cbind(tdata, p)

- tdata 데이터셋에 p_First_offender와 p_Recidivist 변수를 추가(append)해 mydata 객체에 할당

> write.matrix(mydata,'naive_bayse_crime_ROC.txt')

- mydata 객체를 'naive_bayse_crime_ROC.txt' 파일로 저장

> mydata1=read.table('naive_bayse_crime_ROC.txt',header=T)

- naive_bayse_crime_ROC.txt 파일을 mydata1 객체에 할당

> attach(mydata1)

> pr=prediction(p_Recidivist, tdata$Crime_careers)

- 실제집단과 예측집단을 이용해 tdata의 Crime_careers의 추정치를 예측

> bayes_prf=performance(pr, measure='tpr', x.measure='fpr')

- ROC 곡선의 tpr(true positive rate)과 fpr(false positive rate)을 bayes_prf 객체에 할당

 - TPR: sensitivity, FPR: 1-specificity

> auc=performance(pr, measure='auc'): AUC 곡선의 성능을 평가

> auc_bayes=auc@y.values[[1]]: AUC 통계량을 산출하여 auc_bayes 객체에 할당

> auc_bayes=sprintf('%.2f',auc_bayes): 소수점 이하 두 자릿수 출력

> plot(bayes_prf,col=1,lty=1,lwd=1.5,main='ROC curver for Machine Learning Models')

- Title을 'ROC curver for Machine Learning Models'로 하여 ROC 곡선을 그림

- fpr을 X축 값, tpr을 Y축 값으로 해 검은색(col=1)과 실선(lty=1) 모양으로 화면에 출력

> abline(0,1,lty=3): ROC 곡선의 기준선을 그림

8) 신경망 모형 ROC

> install.packages("nnet"); library(nnet)

> attach(tdata)

> tr.nnet = nnet(form, data=tdata, size=7)

> p=predict(tr.nnet, tdata, type='raw')

> pr=prediction(p, tdata$Crime_careers)

> neural_prf=performance(pr, measure='tpr', x.measure='fpr')

> neural_x=unlist(attr(neural_prf, 'x.values'))

- X축 값(fpr)을 neural_x 객체에 할당

> neural_y=unlist(attr(neural_prf, 'y.values'))

- Y축 값(tpr)을 neural_y 객체에 할당

> auc=performance(pr, measure='auc')

```
> auc_neural=auc@y.values[[1]]
> auc_neural=sprintf('%.2f',auc_neural): 소수점 이하 두 자릿수 출력
> lines(neural_x,neural_y, col=2,lty=2)
- fpr을 X축 값, tpr을 Y축 값으로 하여 붉은색(col=2)과 대시선(lty=2) 모양으로 화면에 출력
```

9) 로지스틱 회귀모형 ROC

```
> i_logistic=glm(form, family=binomial,data=tdata)
> p=predict(i_logistic,tdata,type='response')
> pr=prediction(p, tdata$Crime_careers)
> lo_prf=performance(pr, measure='tpr', x.measure='fpr')
> lo_x=unlist(attr(lo_prf, 'x.values'))
> lo_y=unlist(attr(lo_prf, 'y.values'))
> auc=performance(pr, measure='auc')
> auc_lo=auc@y.values[[1]]
> auc_lo=sprintf('%.2f',auc_lo): 소수점 이하 두 자릿수 출력
> lines(lo_x,lo_y, col=3,lty=3): 초록색(col=3)과 도트선(lty=3) 모양으로 화면에 출력
```

10) 서포트벡터머신 모형 ROC

```
> library(e1071); library(caret)
> install.packages('kernlab'); library(kernlab)
> svm.model=svm(form,data=tdata,kernel='radial')
> p=predict(svm.model,tdata)
> pr=prediction(p, tdata$Crime_careers)
> svm_prf=performance(pr, measure='tpr', x.measure='fpr')
> svm_x=unlist(attr(svm_prf, 'x.values'))
> svm_y=unlist(attr(svm_prf, 'y.values'))
> auc=performance(pr, measure='auc')
> auc_svm=auc@y.values[[1]]
> auc_svm=sprintf('%.2f',auc_svm): 소수점 이하 두 자릿수 출력
> lines(svm_x,svm_y, col=4,lty=4): 파랑색(col=4)과 도트선·대시선(lty=4) 모양으로 화면에 출력
```

11) 랜덤포레스트 모형 ROC

```
> install.packages("randomForest")
> library(randomForest)
> tdata.rf = randomForest(form, data=tdata, forest=FALSE, importance=TRUE)
> p=predict(tdata.rf,tdata)
> pr=prediction(p, tdata$Crime_careers)
> ran_prf=performance(pr, measure='tpr', x.measure='fpr')
> ran_x=unlist(attr(ran_prf, 'x.values'))
> ran_y=unlist(attr(ran_prf, 'y.values'))
> auc=performance(pr, measure='auc')
> auc_ran=auc@y.values[[1]]
> auc_ran=sprintf('%.2f',auc_ran): 소수점 이하 두 자릿수 출력
> lines(ran_x,ran_y, col=5,lty=5): 연파랑색(col=5)과 긴 대시선(lty=5) 모양으로 화면에 출력
```

12) 의사결정나무 모형 ROC

```
> install.packages('party')
> library(party)
> i_ctree=ctree(form,tdata)
> p=predict(i_ctree,tdata)
> pr=prediction(p, tdata$Crime_careers)
> tree_prf=performance(pr, measure='tpr', x.measure='fpr')
> tree_x=unlist(attr(tree_prf, 'x.values'))
> tree_y=unlist(attr(tree_prf, 'y.values'))
> auc=performance(pr, measure='auc')
> auc_tree=auc@y.values[[1]]
> auc_tree=sprintf('%.2f',auc_tree): 소수점 이하 두 자릿수 출력
> lines(tree_x,tree_y, col=6,lty=6): 보라색(col=5)과 2개의 대시선(lty=6) 모양으로
화면에 출력
> legend('bottomright',legend=c('naive bayes','neural network','logistics','
SVM','random forest','decision tree'),lty=1:6, col=1:6)
```
- bottomright 위치에 머신러닝 모형의 범례 지정

> legend('topleft',legend=c('naive=',auc_bayes,'neural=',auc_neural,'logistics=',auc_
lo,'SVM=',auc_svm,'random=',auc_ran,'decision=',auc_tree),cex=0.7)
- topleft 위치에 머신러닝 모형의 AUC 통계량의 범례 지정

```
> tdata = read.table('crime_career_label.txt',header=T)
> input=read.table('input_crime.txt',header=T,sep=",")
Warning message:
In read.table("input_crime.txt", header = T, sep = ",") :
  incomplete final line found by readTableHeader on 'input_crime.txt'
> output=read.table('output_crime_DE.txt',header=T,sep=",")
Warning message:
In read.table("output_crime_DE.txt", header = T, sep = ",") :
  incomplete final line found by readTableHeader on 'output_crime_DE.txt'
> input_vars = c(colnames(input))
> output_vars = c(colnames(output))
> form = as.formula(paste(paste(output_vars, collapse = '+'),'~',
+ paste(input_vars, collapse = '+')))
> form
Crime_careers ~ Single_parent + Single_parent_of_peer + Delinquent_peer +
    Running_away + Self_injury + Absence_from_school + Smoking +
    Drinking + Drug_use + Sexual_relationship + Depression +
    Suicide_attempt
> train_data.lda=naiveBayes(form,data=tdata)
> p=predict(train_data.lda, tdata, type='class')
> table(tdata$Crime_careers,p)
                 p
                 First_offender Recidivist
    First_offender       271           68
    Recidivist            75           51
> perm_a=function(p1, p2, p3, p4) {pr_a=(p1+p4)/sum(p1, p2, p3, p4)
+       return(pr_a)} # accuracy
> perm_a(271,68,75,51)
[1] 0.6924731
> perm_e=function(p1, p2, p3, p4) {pr_e=(p2+p3)/sum(p1, p2, p3, p4)
+       return(pr_e)} # error rate
> perm_e(271,68,75,51)
[1] 0.3075269
> perm_s=function(p1, p2, p3, p4) {pr_s=p4/(p3+p4)
+       return(pr_s)} # sensitivity
> perm_s(271,68,75,51)
[1] 0.4047619
> perm_sp=function(p1, p2, p3, p4) {pr_sp=p1/(p1+p2)
+       return(pr_sp)} # specificity
> perm_sp(271,68,75,51)
[1] 0.79941
> perm_p=function(p1, p2, p3, p4) {pr_p=p4/(p2+p4)
+       return(pr_p)} # precision
> perm_p(271,68,75,51)
[1] 0.4285714
```

```
R Console
> library(ROCR)
> tdata = read.table('crime_career_numeric.txt',header=T)
> input=read.table('input_crime.txt',header=T,sep=",")
Warning message:
In read.table("input_crime.txt", header = T, sep = ",") :
  incomplete final line found by readTableHeader on 'input_crime.txt'
> output=read.table('output_crime_DE.txt',header=T,sep=",")
Warning message:
In read.table("output_crime_DE.txt", header = T, sep = ",") :
  incomplete final line found by readTableHeader on 'output_crime_DE.txt'
> p_output=read.table('p_output_bayes.txt',header=T,sep=",")
Warning message:
In read.table("p_output_bayes.txt", header = T, sep = ",") :
  incomplete final line found by readTableHeader on 'p_output_bayes.txt'
> input_vars = c(colnames(input))
> output_vars = c(colnames(output))
> p_output_vars = c(colnames(p_output))
> form = as.formula(paste(paste(output_vars, collapse = '+'),'~',
+ paste(input_vars, collapse = '+')))
> form
Crime_careers ~ Single_parent + Single_parent_of_peer + Delinquent_peer +
    Running_away + Self_injury + Absence_from_school + Smoking +
    Drinking + Drug_use + Sexual_relationship + Depression +
    Suicide_attempt
> train_data.lda=naiveBayes(form,data=tdata)
> p=predict(train_data.lda, tdata, type='raw')
> dimnames(p)=list(NULL,c(p_output_vars))
> mydata=cbind(tdata, p)
> write.matrix(mydata,'naive_bayse_crime_ROC.txt')
> mydata1=read.table('naive_bayse_crime_ROC.txt',header=T)
> pr=prediction(p_Recidivist, tdata$Crime_careers)
> bayes_prf=performance(pr, measure='tpr', x.measure='fpr')
> auc=performance(pr, measure='auc')
> auc_bayes=auc@y.values[[1]]
> auc_bayes=sprintf('%.2f',auc_bayes)
> plot(bayes_prf,col=1,lty=1,lwd=1.5,main='ROC curver for Machine Learning Models')
> abline(0,1,lty=3)
>
```

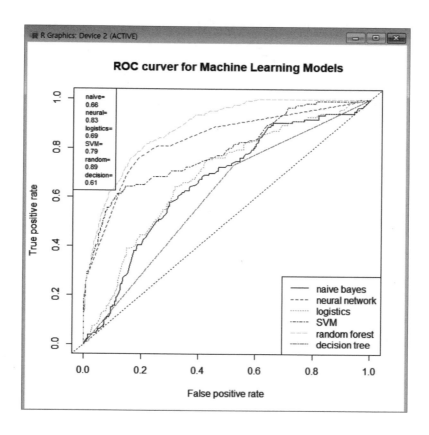

3-2 최적 모형을 이용한 출력변수 예측

선정된 최적 모형인 신경망 모형을 이용하여 원데이터의 입력변수만으로 원데이터의
출력변수를 예측한다.

```
> rm(list=ls( )): 모든 변수를초기화
> setwd("c:/Crime_Careers_AI"): 작업용 디렉터리 지정
> install.packages("nnet"): nnet 패키지 설치
> library(nnet)
> install.packages('MASS')
> library(MASS)
> tdata = read.table('crime_career_label.txt',header=T)
```

- 학습데이터에 포함된 출력변수(Crime_careers) 값은 String format(First_offender, Recidivist)으로 코딩해야 함

```
> input=read.table('input_crime.txt',header=T,sep=",")
```

```
> output=read.table('output_crime_DE.txt',header=T,sep=",")
```

```
> input_vars = c(colnames(input))
```

- input 변수를 벡터값으로 input_vars 변수에 할당

```
> output_vars = c(colnames(output))
```

```
> form = as.formula(paste(paste(output_vars, collapse = '+'),'~', paste(input_vars, collapse = '+')))
```

- 문자열을 결합하는 함수(paste)를 사용해 nnet 모형의 함수식을 form 변수에 할당

```
> form: nnet 모형의 함수식을 출력
```

```
> tr.nnet = nnet(form, data=tdata, size=7, itmax=200)
```

- tdata 데이터(전체 데이터)셋으로 1개의 은닉층에 7개의 은닉노드를 가진 신경망 모형을 실행해 인공지능(분류기, 모형함수)을 만듦

```
> p=predict(tr.nnet, tdata, type='class')
```

- 인공지능(tr.nnet)을 활용해 tdata 데이터셋으로 모형 예측을 실시해 예측집단(분류집단)을 생성

```
> table(tdata$Crime_careers,p)
```

- 모형 비교를 위해 실제집단과 예측집단에 대한 모형 평가를 실시

```
# index of evaluation
```

```
> perm_a=function(p1, p2, p3, p4) {pr_a=(p1+p4)/sum(p1, p2, p3, p4) return(pr_a)} # accuracy
```

```
> perm_a(323,16,70,56)
```

- nnet 모형을 적용한 실제집단과 예측집단의 정확도는 80.86%로 나타남

```
> perm_a=function(p1, p2, p3, p4) {pr_s=p4/(p3+p4)return(pr_a)} # sensitivity
```

```
> perm_a(323,16,70,56)
```

- nnet 모형을 적용한 실제집단과 예측집단의 민감도는 62.11%로 나타남

```
> perm_a=function(p1, p2, p3, p4) {pr_sp=p1/(p1+p2) return(pr_a)} # specificity
```

```
> perm_a(323,16,70,56)
```

- nnet 모형을 적용한 실제집단과 예측집단의 특이도는 88.20%로 나타남

```
> mydata=cbind(tdata, p): 전체 데이터(tdata)에 예측된 출력변수를 합쳐 mydata 변수에 할당
```

```
> write.matrix(mydata,'crime_neural_2024_cbr.txt')
```

- mydata 객체를 'crime_neural_2024_cbr.txt' 파일로 저장

```
R Console

> #2 neural network model(cbr)
> rm(list=ls())
> setwd("c:/Crime_Careers_AI")
> install.packages("nnet")
Installing package into 'C:/Users/AERO/Documents/R/win-library/3.6'
(as 'lib' is unspecified)

  There is a binary version available but the source version is
  later:
        binary source needs_compilation
nnet 7.3-16 7.3-19                   TRUE

  Binaries will be installed
Warning: package 'nnet' is in use and will not be installed
> library(nnet)
> install.packages('MASS')
Installing package into 'C:/Users/AERO/Documents/R/win-library/3.6'
(as 'lib' is unspecified)
Warning message:
package 'MASS' is not available (for R version 3.6.3)
> library(MASS)
> tdata = read.table('crime_career_label.txt',header=T)
> input=read.table('input_crime.txt',header=T,sep=",")
Warning message:
In read.table("input_crime.txt", header = T, sep = ",") :
  incomplete final line found by readTableHeader on 'input_crime.txt'
> output=read.table('output_crime_DE.txt',header=T,sep=",")
Warning message:
In read.table("output_crime_DE.txt", header = T, sep = ",") :
  incomplete final line found by readTableHeader on 'output_crime_DE.txt'
> input_vars = c(colnames(input))
> output_vars = c(colnames(output))
> form = as.formula(paste(paste(output_vars, collapse = '+'),'~',
+ paste(input_vars, collapse = '+')))
> form
Crime_careers ~ Single_parent + Single_parent_of_peer + Delinquent_peer +
    Running_away + Self_injury + Absence_from_school + Smoking +
    Drinking + Drug_use + Sexual_relationship + Depression +
    Suicide_attempt
> |
```

```
R Console

> tr.nnet = nnet(form, data=tdata, size=7, itmax=200)
# weights:  99
initial  value 377.658794
iter  10 value 250.537903
iter  20 value 219.031086
iter  30 value 195.509636
iter  40 value 186.284959
iter  50 value 179.932365
iter  60 value 175.486201
iter  70 value 174.445228
iter  80 value 173.660749
iter  90 value 173.054873
iter 100 value 172.790339
final  value 172.790339
stopped after 100 iterations
> p=predict(tr.nnet, tdata, type='class')
> table(tdata$Crime_careers,p)
                p
                 First_offender Recidivist
  First_offender            299         40
  Recidivist                 49         77
> perm_a=function(p1, p2, p3, p4) {pr_a=(p1+p4)/sum(p1, p2, p3, p4)
+      return(pr_a)} # accuracy
> perm_a(299,40,49,77)
[1] 0.8086022
> perm_s=function(p1, p2, p3, p4) {pr_s=p4/(p3+p4)
+      return(pr_s)} # sensitivity
> perm_s(299,40,49,77)
[1] 0.6111111
> perm_sp=function(p1, p2, p3, p4) {pr_sp=p1/(p1+p2)
+      return(pr_sp)} # specificity
> perm_sp(299,40,49,77)
[1] 0.8820059
>
> mydata=cbind(tdata, p)
> write.matrix(mydata,'crime_neural_2024_cbr.txt')
> |
```

해석 신경망 모형으로 원데이터를 1:1로 분할하여 모형 평가를 한 결과, 정확도는 80.86%, 민감도는 61.11%, 특이도는 88.20%로 나타났다. 최적 모형으로 예측한 파일은 'crime_neural_2024_cbr.txt'에 저장된다.

3-3 원데이터와 예측데이터의 출력변수를 활용한 양질의 학습데이터 생성

선정된 최적 모형인 신경망 모형의 평가 결과, 특이도(88.20%)가 민감도(61.11%)보다 높은 것으로 나타났다. 특이도가 민감도보다 상대적으로 높을 경우에는 인공지능으로 출력변수를 예측했을 때 초범의 확률이 과다 추정될 수 있다. 따라서 본 연구에서는 실제집단의 출력변수와 예측집단의 출력변수가 동일한 레코드를 추출하고, 더불어 위양성인 레코드(실제집단의 출력변수가 초범인데, 예측집단의 출력변수가 재범인 레코드)를 추출하여 양질의 학습데이터를 생성하였다.

> rm(list=ls( ))
> setwd("Crime_Careers_AI")
> rm(list=ls( ))
> install.packages('dplyr')
> library(dplyr)
> mydata=read.table('crime_neural_2024_cbr.txt',header=T)
- 전체 데이터(tdata)에 예측된 출력변수를 합친 데이터 파일(crime_neural_2024_cbr.txt)을 mydata에 할당
> attach(mydata)
> f1=mydata$Crime_careers
- 원데이터의 출력변수(Crime_careers) 값을 f1객체에 할당
> l1=mydata$p
- 예측데이터의 출력변수(p) 값을 l1객체에 할당
> mydata1=filter(mydata,f1==l1 | Crime_careers=='First_offender' & p=='Recidivist')
- Crime_careers의 값과 p의 값이 동일한 레코드와 위양성(원데이터의 출력변수가 초범인데 예측데이터의 출력변수는 재범으로 예측)인 레코드를 추출해 mydata1에 저장
> write.matrix(mydata1,'Crime_neural_2024_cbr_ok.txt')
- mydata1 객체를 'Crime_neural_2024_cbr_ok.txt' 파일에 저장
- 인공지능 예측모형을 개발하기 위해 출력변수의 변수값을 숫자 형식(0, 1)으로 변경하여 새로운 파일(Crime_neural_2024_cbr_ok_N.txt)을 생성함
> install.packages('catspec'): 분할표를 작성하는 패키지 설치
> library(catspec)

> mydata1=read.table('Crime_neural_2024_cbr_ok.txt',header=T)

> t1=ftable(mydata1[c('Crime_careers')]): 평면 분할표를 작성해 t1 객체에 할당

> ctab(t1,type=c('n','r')): 빈도와 행%를 화면에 출력

- 재범(Recidivist)은 77건(18.51%)으로 나타남

> length(mydata1$Crime_careers): 전체 recode 수는 416건으로 나타남

```
R Console

> setwd("c:/Crime_Careers_AI")
> rm(list=ls())
> #install.packages('dplyr')
> #library(dplyr)
> mydata=read.table('crime_neural_2024_cbr.txt',header=T)
> #attach(mydata)
> fl=mydata$Crime_careers
> ll=mydata$p
>
> mydata1=filter(mydata,fl==ll | Crime_careers=='First_offender' & p=='Recid$
> write.matrix(mydata1,'Crime_neural_2024_cbr_ok.txt')
> install.packages('catspec')
Installing package into 'C:/Users/AERO/Documents/R/win-library/3.6'
(as 'lib' is unspecified)
Warning message:
package 'catspec' is not available (for R version 3.6.3)
> library(catspec)
> mydata1=read.table('Crime_neural_2024_cbr_ok.txt',header=T)
> t1=ftable(mydata1[c('Crime_careers')])
> ctab(t1,type=c('n','r'))
          x First_offender Recidivist

Count                 339.00      77.00
Total %                81.49      18.51
> length(mydata1$Crime_careers)
[1] 416
> |
```

해석 Crime_careers의 값과 p의 값이 동일한 레코드와 위양성(원데이터의 출력변수가 초범인데 예측데이터의 출력변수는 재범으로 예측)인 레코드를 추출하여 'Crime_neural_2024_cbr_ok.txt' 파일에 저장한다. 신경망 모형을 활용하여 분석한 결과 416건의 양질의 학습데이터가 생성되었다.

> setwd("c:/Crime_Careers_AI")

> install.packages("nnet"); library(nnet)

> install.packages('MASS'); library(MASS)

> tdata = read.table('Crime_neural_2024_cbr_ok.txt',header=T)

> input=read.table('input_crime.txt',header=T,sep=",")

> output=read.table('output_crime_DE.txt',header=T,sep=",")

> input_vars = c(colnames(input))

> output_vars = c(colnames(output))

```
> form = as.formula(paste(paste(output_vars, collapse = '+'),'~',paste(input_
vars, collapse = '+')))
> tr.nnet = nnet(form, data=tdata, size=7, itmax=200)
> p=predict(tr.nnet, tdata, type='class')
> table(tdata$Crime_careers,p)
```

```
R Console                                                    [_][□][X]

> tr.nnet = nnet(form, data=tdata, size=7, itmax=200)
# weights:  99
initial  value 439.001933
iter  10 value 178.961115
iter  20 value 138.438897
iter  30 value 119.221573
iter  40 value 107.380941
iter  50 value 97.978590
iter  60 value 89.325312
iter  70 value 85.607635
iter  80 value 84.099300
iter  90 value 82.960136
iter 100 value 81.582707
final   value 81.582707
stopped after 100 iterations
> p=predict(tr.nnet, tdata, type='class')
> table(tdata$Crime_careers,p)
                 p
                  First_offender Recidivist
  First_offender            318          21
  Recidivist                 24          53
>
> perm_a=function(p1, p2, p3, p4) {pr_a=(p1+p4)/sum(p1, p2, p3, p4)
+      return(pr_a)} # accuracy
> perm_a(318,21,24,53)
[1] 0.8918269
> perm_s=function(p1, p2, p3, p4) {pr_s=p4/(p3+p4)
+      return(pr_s)} # sensitivity
> perm_s(318,21,24,53)
[1] 0.6883117
> perm_sp=function(p1, p2, p3, p4) {pr_sp=p1/(p1+p2)
+      return(pr_sp)} # specificity
> perm_sp(318,21,24,53)
[1] 0.9380531
> |
```

해석 양질의 학습데이터를 1:1로 분할하여 모형 평가를 한 결과, 정확도는 89.18%, 민감도는 68.83%, 특이도는 93.81%로 나타났다.

3-4 머신러닝을 활용한 청소년 범죄지속 위험예측 인공지능 개발

앞 절에서 원데이터의 출력변수 값과 예측데이터의 출력변수 값이 동일한 레코드와 위양성인 레코드를 추출하여 신경망 모형으로 416건의 양질의 학습데이터를 생성하였다. 양질의 학습데이터를 활용한 청소년 범죄지속 위험을 예측할 수 있는 인공지능 개발은 다음과 같다.

```
> rm(list=ls( ))
> setwd("c:/Crime_Careers_AI")
> install.packages('neuralnet')
> library(neuralnet)
> install.packages('MASS')
> library(MASS)
> tdata = read.table('Crime_neural_2024_cbr_ok_N.txt',header=T)
```
- 인공지능 예측모형을 개발하기 위해 출력변수의 변수값이 숫자 형식(0, 1)으로 변경된 파일 (Crime_neural_2024_cbr_ok_N.txt)을 사용함
```
> input=read.table('input_crime.txt',header=T,sep=",")
> output=read.table('output_crime.txt',header=T,sep=",")
> p_output=read.table('p_output_crime.txt',header=T,sep=",")
> input_vars = c(colnames(input))
> output_vars = c(colnames(output))
> p_output_vars = c(colnames(p_output))
> form = as.formula(paste(paste(output_vars, collapse = '+'),'~',paste(input_
vars, collapse = '+')))
> form
> net = neuralnet(form, tdata, hidden=7, lifesign = "minimal", linear.output
= FALSE, threshold = 0.1)
> summary(net)
> plot(net)
> pred = net$net.result[[1]]
> dimnames(pred)=list(NULL,c(p_output_vars))
> summary(pred)
> pred_obs = cbind(tdata, pred)
> write.matrix(pred_obs,'crime_career_neuralnet.txt')
> m_data = read.table('crime_career_neuralnet.txt',header=T)
> attach(m_data)
> mean(pFirst_offender)
> mean(pRecidivist)
```

```
R Console                                                                    _ □ X

> rm(list=ls())
> setwd("c:/Crime_Careers_AI")
> install.packages('neuralnet')
Installing package into 'C:/Users/AERO/Documents/R/win-library/3.6'
(as 'lib' is unspecified)
Warning: package 'neuralnet' is in use and will not be installed
> #library(neuralnet)
> #install.packages('MASS')
> #library(MASS)
> tdata = read.table('Crime_neural_2024_cbr_ok_N.txt',header=T)
> input=read.table('input_crime.txt',header=T,sep=",")
Warning message:
In read.table("input_crime.txt", header = T, sep = ",") :
  incomplete final line found by readTableHeader on 'input_crime.txt'
> output=read.table('output_crime.txt',header=T,sep=",")
Warning message:
In read.table("output_crime.txt", header = T, sep = ",") :
  incomplete final line found by readTableHeader on 'output_crime.txt'
> p_output=read.table('p_output_crime.txt',header=T,sep=",")
Warning message:
In read.table("p_output_crime.txt", header = T, sep = ",") :
  incomplete final line found by readTableHeader on 'p_output_crime.txt'
> input_vars = c(colnames(input))
> output_vars = c(colnames(output))
> p_output_vars = c(colnames(p_output))
> form = as.formula(paste(paste(output_vars, collapse = '+'),'~',
+ paste(input_vars, collapse = '+')))
> form
First_offender + Recidivist ~ Single_parent + Single_parent_of_peer +
    Delinquent_peer + Running_away + Self_injury + Absence_from_school +
    Smoking + Drinking + Drug_use + Sexual_relationship + Depression +
    Suicide_attempt
> net = neuralnet(form, tdata, hidden=7, lifesign = "minimal",
+ linear.output = FALSE, threshold = 0.1)
hidden: 7    thresh: 0.1    rep: 1/1    steps:      549 error: 15.22626 time: 0.17 secs
> plot(net)
> |
```

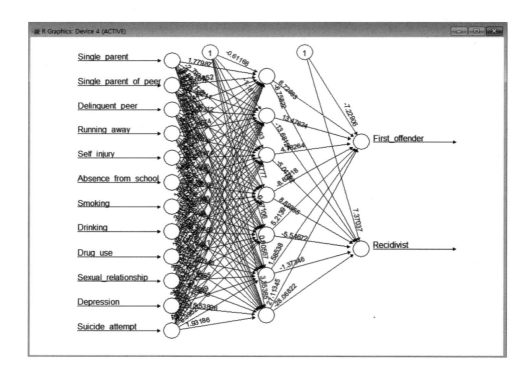

```
R Console                                                          ▢ ▢ ✕

> pred = net$net.result[[1]]
> dimnames(pred)=list(NULL,c(p_output_vars))
> summary(pred)
 pFirst_offender        pRecidivist
 Min.   :0.001672   Min.   :0.0000000
 1st Qu.:0.938715   1st Qu.:0.0000021
 Median :0.996987   Median :0.0025533
 Mean   :0.859031   Mean   :0.1410755
 3rd Qu.:0.999997   3rd Qu.:0.0608181
 Max.   :1.000000   Max.   :0.9984891
> pred_obs = cbind(tdata, pred)
> write.matrix(pred_obs,'crime_career_neuralnet.txt')
> m_data = read.table('crime_career_neuralnet.txt',header=T)
> #attach(m_data)
> mean(pFirst_offender)
[1] 0.8590307
> mean(pRecidivist)
[1] 0.1410755
> |
```

해석 양질의 학습데이터를 이용해 신경망 모형으로 예측한 결과, 초범의 확률은 85.90%, 재범의 확률은 14.11%로 나타났다.

ROC curve

> install.packages('ROCR'); library(ROCR)

> par(mfrow=c(1,2))

> PO_c=prediction(pred_obs$pFirst_offender, pred_obs$First_offender)

> PO_cf=performance(PO_c, "tpr", "fpr")

> auc_PO=performance(PO_c,measure="auc")

> auc_First=auc_PO@y.values

> auc_First=sprintf('%.4f',auc_First)

> plot(PO_cf,main='First_offender')

> legend('bottomright',legend=c('AUC=', auc_First))

> abline(a=0, b= 1)

> NG_c=prediction(pred_obs$pRecidivist, pred_obs$Recidivist)

> NG_cf=performance(NG_c, "tpr", "fpr")

> auc_NG=performance(NG_c,measure="auc")

> auc_Recidivist=auc_NG@y.values

> auc_Recidivist=sprintf('%.4f',auc_Recidivist)

> plot(NG_cf,main='Recidivist')

> legend('bottomright',legend=c('AUC=', auc_Recidivist))

> abline(a=0, b= 1)

newdata prediction

```
> newdata = read.table('crime_newdata_10.txt',header=T)

> newdata

> crime_prob=predict(net, newdata)

> pred_obs = cbind(newdata,crime_prob)

> write.matrix(pred_obs,'crime_newdata_10_1.txt')

> pred_obs

> newdata = read.table('crime_newdata_10_1.txt',header=T)

> attach(newdata)

> m_First_offender_prob=mean(X1)*100

> m_First_offender_prob_p=sprintf('%.2f',m_First_offender_prob)

> m_First_offender_prob

> m_Recidivist_prob=mean(X2)*100

> m_Recidivist_prob_p=sprintf('%.2f',m_Recidivist_prob)

> m_Recidivist_prob

> cat('First_offender prob =',m_First_offender_prob,'%','\n')

> cat('Recidivist prob =',m_Recidivist_prob,'%','\n')
```

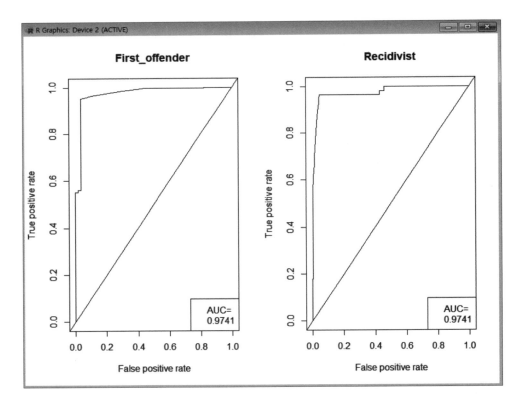

```
> ## newdata prediction
> newdata = read.table('crime_newdata_10.txt',header=T)
> crime_prob=predict(net, newdata)
> pred_obs = cbind(newdata,crime_prob)
> write.matrix(pred_obs,'crime_newdata_10_1.txt')
> pred_obs
   First_offender Recidivist Single_parent Single_parent_of_peer Delinquent_peer Running_away Self_injury Absence_from_school Smoking
1              NO         NO             1                     0               0            0           0                   0       1
2              NO         NO             1                     1               1            0           0                   1       1
3              NO         NO             1                     0               1            1           0                   1       1
4              NO         NO             1                     1               1            0           0                   0       0
5              NO         NO             1                     1               0            0           0                   1       1
6              NO         NO             1                     0               1            0           0                   1       1
7              NO         NO             1                     1               1            1           0                   1       1
8              NO         NO             1                     0               0            1           0                   1       1
9              NO         NO             1                     1               0            1           0                   1       0
10             NO         NO             1                     0               0            0           0                   1       1
   Drinking Drug_use Sexual_relationship Depression Suicide_attempt             1            2
1         1        0                   1          0               0     0.5852188 4.276940e-01
2         1        0                   1          1               0     0.9995394 8.132025e-04
3         1        0                   0          1               0     0.8508563 1.607849e-01
4         1        0                   0          1               1     1.0000000 3.149064e-13
5         1        1                   0          1               0     0.9779127 2.514536e-02
6         1        0                   1          0               0     0.5019544 4.911532e-01
7         1        0                   0          1               0     0.4734686 5.358913e-01
8         1        0                   1          0               0     0.2522937 7.453371e-01
9         1        0                   0          1               0     0.1299839 8.609630e-01
10        1        0                   1          0               0     0.6119035 3.874926e-01
> newdata = read.table('crime_newdata_10_1.txt',header=T)
> m_First_offender_prob=mean(X1)*100
> m_First_offender_prob_p=sprintf('%.2f',m_First_offender_prob)
> m_First_offender_prob
[1] 63.83128
> m_Recidivist_prob=mean(X2)*100
> m_Recidivist_prob_p=sprintf('%.2f',m_Recidivist_prob)
> m_Recidivist_prob
[1] 36.35275
> cat('First_offender prob =',m_First_offender_prob,'%','\n')
First_offender prob = 63.83128 %
> cat('Recidivist prob =',m_Recidivist_prob,'%','\n')
Recidivist prob = 36.35275 %
> |
```

해석 양질의 학습데이터를 이용해 신경망 모형으로 예측한 결과, 10개의 new data(출력변수의 값: NO)에 대한 초범의 평균 확률은 63.83%, 재범의 평균 확률은 36.35%로 나타났다.

3-5 입력변수가 출력변수에 미치는 영향력 산출

랜덤포레스트 모형에서 각각의 입력변수의 정확도를 측정하여 출력변수에 미치는 영향력을 산출하면 다음과 같다.

```
> install.packages("randomForest"); library(randomForest)
> library(MASS); memory.size(22000)
> setwd("c:/Crime_Careers_AI")
> tdata = read.table('Crime_neural_2024_cbr_ok_N.txt',header=T)
> input=read.table('input_crime.txt',header=T,sep=",")
> output=read.table('output_crime_2024.txt',header=T,sep=",")
> input_vars = c(colnames(input))
> output_vars = c(colnames(output))
> form = as.formula(paste(paste(output_vars, collapse = '+'),'~',paste(input_vars, collapse = '+')))
> form
```

```
> tdata.rf = randomForest(form, data=tdata, forest=FALSE,importance=TRUE)
> importance(tdata.rf)
> weight=importance(tdata.rf)
> write.matrix(weight,'crime_randomforest_weight_2024.txt')
> weight_inc=read.table('crime_randomforest_weight_2024.txt',header=T)
> input_variable=read.table('inputvariable_randomforest.txt',header=T)
> weight_varinc=cbind(input_variable,weight_inc)
> inc_sum=sum(weight_varinc$X.IncMSE)
> inc_sum
> zweight=weight_inc$X.IncMSE/inc_sum
> zweight_t=cbind(weight_varinc,zweight)
> varImpPlot(tdata.rf, main='Random forest importance plot')
> pred=predict(tdata.rf,tdata)
> weight_variable=zweight*mean(pred)
> sum(weight_variable)
> last_weight=cbind(zweight_t,weight_variable)
> last_weight
> sum(weight_variable)
> write.matrix(last_weight,'crime_randomforest_weight_last_2024.txt')
```

```
R Console

> install.packages("randomForest")
Installing package into 'C:/Users/AERO/Documents/R/win-library/3.6'
(as 'lib' is unspecified)
Warning message:
package 'randomForest' is not available (for R version 3.6.3)
> library(randomForest)
> rm(list=ls())
> library(MASS)
> memory.size(22000)
[1] 65357.46
Warning message:
In memory.size(22000) : cannot decrease memory limit: ignored
> setwd("c:/Crime_Careers_AI")
> tdata = read.table('Crime_neural_2024_cbr_ok_N.txt',header=T)
> input=read.table('input_crime.txt',header=T,sep=",")
Warning message:
In read.table("input_crime.txt", header = T, sep = ",") :
  incomplete final line found by readTableHeader on 'input_crime.txt'
> output=read.table('output_crime_2024.txt',header=T,sep=",")
Warning message:
In read.table("output_crime_2024.txt", header = T, sep = ",") :
  incomplete final line found by readTableHeader on 'output_crime_2024.txt'
> input_vars = c(colnames(input))
> output_vars = c(colnames(output))
> form = as.formula(paste(paste(output_vars, collapse = '+'),'~',
+ paste(input_vars, collapse = '+')))
> form
Crime_careers ~ Single_parent + Single_parent_of_peer + Delinquent_peer +
    Running_away + Self_injury + Absence_from_school + Smoking +
    Drinking + Drug_use + Sexual_relationship + Depression +
    Suicide_attempt
> |
```

```
R R Console                                                                    [ _ ][ □ ][ X ]

> tdata.rf = randomForest(form, data=tdata ,forest=FALSE,importance=TRUE)
Warning message:
In randomForest.default(m, y, ...) :
  The response has five or fewer unique values.  Are you sure you want to do regressio$
> importance(tdata.rf)
                       %IncMSE IncNodePurity
Single_parent         27.428301     3.1909759
Single_parent_of_peer  9.143142     2.0426792
Delinquent_peer       26.298465     3.3053218
Running_away           3.229364     1.7604376
Self_injury           22.779378     2.1783049
Absence_from_school   21.579478     2.7805941
Smoking               14.434382     1.9457087
Drinking              12.831118     0.8104506
Drug_use              15.425307     2.2972471
Sexual_relationship   17.585669     2.3747494
Depression            16.273935     2.6352075
Suicide_attempt       11.417756     1.7853249
> weight=importance(tdata.rf)
> write.matrix(weight,'crime_randomforest_weight_2024.txt')
> weight_inc=read.table('crime_randomforest_weight_2024.txt',header=T)
> input_variable=read.table('inputvariable_randomforest.txt',header=T)
> weight_varinc=cbind(input_variable,weight_inc)
> inc_sum=sum(weight_varinc$X.IncMSE)
> inc_sum
[1] 198.4263
> |
```

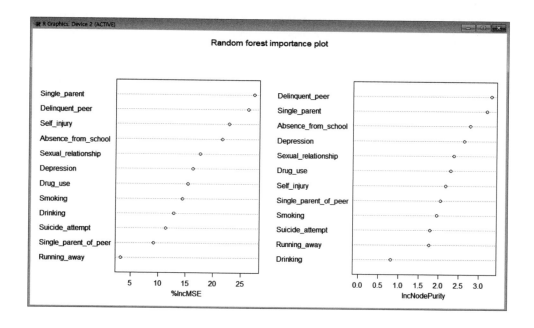

```
R R Console                                                                    [_][□][×]

> zweight=weight_inc$X.IncMSE/inc_sum
> zweight_t=cbind(weight_varinc,zweight)
> varImpPlot(tdata.rf, main='Random forest importance plot')
> pred=predict(tdata.rf,tdata)
> weight_variable=zweight*mean(pred)
> sum(weight_variable)
[1] 0.1422389
> last_weight=cbind(zweight_t,weight_variable)
> last_weight
         input_variable  X.IncMSE IncNodePurity    zweight weight_variable
1          Single_parent 27.428301     3.1909759 0.13822916     0.019661561
2   Single_parent_of_peer  9.143142     2.0426792 0.04607828     0.006554122
3         Delinquent_peer 26.298465     3.3053218 0.13253518     0.018851655
4            Running_away  3.229364     1.7604376 0.01627488     0.002314921
5             Self_injury 22.779377     2.1783049 0.11480020     0.016329051
6       Absence_from_school 21.579478   2.7805941 0.10875312     0.015468922
7                 Smoking 14.434382     1.9457087 0.07274430     0.010347068
8                Drinking 12.831118     0.8104506 0.06466440     0.009197792
9                Drug_use 15.425307     2.2972471 0.07773822     0.011057397
10    Sexual_relationship 17.585669     2.3747494 0.08862570     0.012606020
11             Depression 16.273935     2.6352075 0.08201501     0.011665724
12        Suicide_attempt 11.417756     1.7853249 0.05754155     0.008184645
> sum(weight_variable)
[1] 0.1422389
> write.matrix(last_weight,'crime_randomforest_weight_last_2024.txt')
> |
```

해석 출력변수의 평균 재범 예측확률(14.22%)에 각각의 입력변수의 영향력은 Single_parent(1.97%), Delinquent_peer(1.89%), Self_injury(1.63%), Absence_from_school(1.55%), Sexual_relationship(1.26%), Depression(1.17%), Drug_use(1.11%) 등의 순으로 나타났다.

비정형 데이터를 활용한 인공지능 개발:
마약 위험예측 인공지능 개발[1]

1 마약 위험예측 인공지능 개발의 필요성

우리나라는 미국 등 외국에 비해 마약중독 실태는 심각하지 않은 것으로 알려져 있으나 최근에는 주부와 학생에게까지 마약이 유포되는 등 저변이 확대되고 있다. 국내의 마약사범은 2010년도부터 2014년도까지는 매년 1만 명 미만을 기록하다가 2015년 연간 1만 명을 돌파한 이후, 2022년 현재 1만 8,395명으로 꾸준히 증가세를 보이고 있다(대검찰청, 2022). 또한 청소년 마약범죄는 2020년 162명, 2021년 279명, 2022년 332명으로 매년 폭발적으로 증가하고 있다(대검찰청, 2022). 특히, 코로나19 등의 영향으로 비대면 거래가 확대되면서 접근성 및 익명성을 특징으로 하는 인터넷·SNS가 국제특송 등 유통망과 결합되어 마약류 밀반입 유통에 악용되고 있다(식품의약품안전처, 2022).

오늘날 문제는 SNS, 메신저, 다크넷, 암호화폐 등 마약류 거래 수단의 다양화, 신종 저가 마약의 등장, 국제적인 마약 조직의 대규모 마약 밀반입 등으로 마약류 유통량이 급증하면서 마약류 범죄가 다양한 연령과 계층으로 확산되고 있다는 점이다. 특

---

1 본 연구의 일부 내용은 삼육대학교 산학협력단의 민간위탁용역과제의 일환으로 수행되었으며, 해외 학술지에 게재하기 위하여 '송주영 교수(펜실베이니아 주립대학교)와 송태민 교수(가천대학교)'가 공동으로 수행한 연구임을 밝힌다.

히 펜타닐과 같은 의료용 마약의 불법유통과 오남용, 저가의 신종마약, 온라인 거래 활성화는 청소년도 마약류를 쉽게 구할 수 있는 환경으로 작용하고 있다(양혜정·김채윤, 2022; 법무부 보도자료, 2022). 이에 따라 정부는 인터넷 상시 모니터링 시스템을 구축·운영하여 불법사이트를 즉각 폐쇄·차단 조치하고 관련 정보를 수사 단서로 활용하여 적극적으로 수사하고 있다.

오늘날에는 많은 사람들이 소셜미디어를 통해 다양한 분야에서 유익한 정보를 찾고 있으며, 이러한 소셜미디어 데이터는 폭발적으로 증가하고 있다. 그리고 머신러닝(machine learning)이나 텍스트마이닝(text mining) 같은 자연어처리(NLP, Natural Language Processing) 기술의 발전은 대용량 비구조적 데이터로부터 의미 있는 정보 추출을 가능하게 함으로써 소셜미디어 데이터를 이용한 예측모형 개발에 많은 기회를 제공하고 있다. 이에 본 연구는 우리나라에서 수집 가능한 SNS(트위터) 채널에서 언급된 마약 관련 문서를 수집하여 마약 위험을 예측할 수 있는 인공지능을 개발하고자 한다.

2 | 마약 소셜 빅데이터 분석 방법

2-1 마약 소셜 빅데이터 분석 절차

소셜 빅데이터를 수집하여 마약 위험예측을 위한 인공지능을 개발하기 위해서는 [그림 8-1]과 같은 분석절차가 필요하다.

- 첫째, 마약 주제와 관련한 온라인 문서에 대해 수집대상과 수집범위를 설정한 후, 온라인 채널(트위터)에서 크롤러 등 수집 엔진(로봇)을 이용하여 마약과 관련된 연관키워드가 포함된 데이터(온라인 문서)를 수집한다.
- 둘째, 수집한 마약 관련 원데이터(raw data)는 텍스트 형태의 비정형 데이터로 연구자가 원상태로 분석하기에는 어려움이 있다. 따라서 수집한 비정형 데이터를 텍스트마이닝, 오피니언마이닝을 통하여 분류하고 정제하는 절차가 필요하다.
- 셋째, 비정형 빅데이터를 정형 빅데이터로 변환해야 한다. 마약 관련 각각의 온라인

문서는 ID로 코드화해야 하고 문서 내에서 언급되는 키워드(마약성분, 대마, 마약구분, 환각성물질, 기타물질, 감정 등)는 발생빈도를 코드화해야 한다.

- 넷째, 정형화된 빅데이터는 단어빈도와 문서빈도를 이용하여 미래신호를 탐색하고, 탐색된 신호들은 새로운 현상을 발견할 수 있는 인공지능 개발과 연관분석 등을 실시할 수 있다.

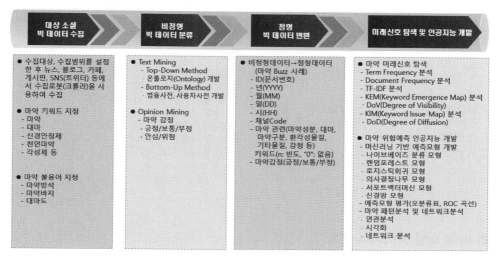

[그림 8-1] 마약 소셜 빅데이터(트위터) 분석 절차 및 방법

2-2 마약 소셜 빅데이터 수집 및 분류

1) 마약 소셜 빅데이터 수집

본서에서는 마약 위험예측을 위한 인공지능을 개발하기 위한 학습데이터로 SNS(트위터)에서 생성되는 온라인 문서(비정형 빅데이터)를 대상으로 하였다. 해당 기간 내 트윗의 수집은 트위터 API를 이용하여 트윗 게재일이 365일 이전인 경우 휴면 유저로 판단하여 수집 대상 풀을 확정하였다. 트위터 풀에 있는 유저 정보를 토대로 크롤러(crawler)를 통해 해당 유저의 타임라인에 접근하여 정해진 기간(2014.1.1~2017.4.30)과 수집 토픽(마약 토픽 및 토픽 유사어)에 대해 리트윗은 제외하고 트윗 원문만 탐색하여 데이터(온라인 문서) 13만 1,560건을 수집하였다[그림 8-2]. 마약 관련 토픽(topic)은

관련 문서의 수집을 위해 '마약, 대마, 신경안정제, 천연마약, 각성제 등' 용어를 사용하였다. 그리고 온라인 문서의 잡음(noise)을 제거하기 위한 불용어(stop word)는 '마약방석, 마약바지, 대마도'를 사용하였다. 수집된 트윗(비정형 텍스트 문서)의 자연어처리를 위해 head-tail 구분법, 좌-우 & 우-좌 분석법, 음절단위 분석법 등을 이용하여 형태소 분석을 수행하였다. 데이터의 정제는 수집된 문서의 형태소 분석을 통해 키워드를 추출하였고, 광고성 게시글은 필터링하여 문서에서 제외하였다.

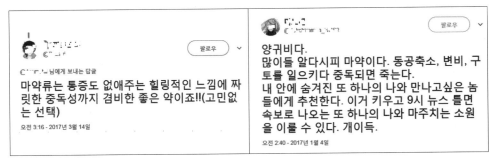

[그림 8-2] 마약 관련 트윗 (긍정, 부정) 문서

2) 마약 소셜 빅데이터 분류

온라인 문서에서 의미 있는 키워드를 추출하기 위해서는 마약의 개념을 추출하고 해당 개념들 간의 관계를 나타내는 분류체계인 온톨로지가 있어야 한다. 온톨로지를 통해 마약 관련 비정형 텍스트 문서를 분류하여 처리할 수 있다. 그리고 처리된 문서를 활용하여 마약의 위험을 예측할 수 있는 인공지능을 개발할 수 있다. 온톨로지는 메타변수(출력변수와 입력변수)를 과학적으로 분류한 분류체계로, 마약 분석을 위하여 수집된 트위터 문서는 자연어처리 과정을 거쳐 형태소 분석을 통해 키워드를 발췌하고, 본 장의 2절 '3) 마약 위험예측 인공지능 학습데이터 생성'에서 분석한 마약 관련 이론적 배경을 바탕으로 주제분석과 감성분석을 실시하여야 한다.

(1) 마약 소셜 빅데이터 주제분석

본 연구에서는 주제분석(text mining) 과정을 거쳐 [표 8-1]과 같이 '아편~신종유사 마약'의 17개를 입력변수로 구성하였다. 해당 마약 요인이 있는 경우는 'N(빈도)', 없는 경우는 '0'으로 코드화하였다.

[표 8-1] 마약 입력변수 온톨로지 분류체계

요인		관련 키워드
국문	영문	
아편	Opium	아편, 천연마약
모르핀	Morphine	노르모르핀, 니코모르핀, 데소모르핀, 디히드로모르핀, 벤질모르핀, 메칠디히드로모르핀, 모르핀, 에칠모르핀
헤로인	Heroin	헤로인
코카인	Cocaine	코카인
코데인	Codeine	노르코데인, 니코디코딘, 니코코딘, 디히드로코데인, 코데인, 아세틸디히드로코데인
암페타민	Amphetamine	메사암페타민, 디메칠암페타민, 메스암페타민, 덱스암페타민, 레브암페타민, 암페타민, 하이드록시암페타민
벤조디아제핀류	Benzodiazepines	신경안정제
LSD	Lysergic_acid_diethylamide	LSD
대마초	Cannabis	대마, 대마초, 해쉬쉬, 해쉬쉬오일
마리화나	Marihuana	마리화나,
프로포폴	Propofol	프로포폴
원료물질	Precursor_chemical	부탄가스, 메틸알콜 , 초산에틸, 톨루엔, 황산, 아세톤, 염산, 톨루엔_A, 과망간산칼륨, 놀에페드린, 메틸아민, 무수초산, 벤즈알데히드,벤질시아나이드, 사프롤, 슈도에페드린, 에르고메트린, 에르고타민, 에칠아민, 에틸아민, 에페드린, 피페로날, 피페리딘, 카트, 페닐프로파놀아민
엑스터시	Ecstasy	엑스터시
각성제	Stimulant	각성제
향정신성의약품	Psychotropic_Drugs	향정신성의약품
환각제	Hallucinogenics	환각제
신종유사마약	New_drug	합성마약, 메칠데소르핀, 메칠페니데이트, 메칠아민, 메칠에칠케톤, 메스칼린, 메스케치논, 케타민, 크라톰, 야바, 리저직산, 메사돈, 신종마약, 디페녹신, 디펜옥시레이트, 레보르파놀, 메토폰, 미로핀, 베지트라마이드, 수펜타닐, 아세토르핀, 알펜타닐, 에토르핀, 엑고닌, 옥시모르폰, 옥시코돈, 코독심, 타펜타돌, 테바인, 테바콘, 페나조신, 페치딘, 펜타닐, 폴코딘, 프로폭시펜,히드로모르폰, 히드로모르피놀, 히드로코돈, 니메타제팜, 니트라제팜, 디아제팜, 딥트, 로라제팜, 마진돌, 메소카브, 메페노렉스, 메프로바메이트, 멕사졸람, 미다졸람, 밉트, 벤즈페타민, 벤질피페라진, 부토르파놀,부포테닌, 부프레노르핀, 브로마제팜, 사일로시빈, 사일로신,아미노렉스, 알프라졸람, 암페프라몬, 에스타졸람, 에티졸람, 엠디엠에이, 엠디이에이,옥사제팜, 조피클론, 졸피뎀, 지에이치비, 지페프롤, 치아미랄, 치오펜탈, 케친논, 케친,클로나제팜, 클로라제페이트, 클로랄하이드레이트, 클로르디아제폭사이드, 클로바잠, 클로티아제팜, 테마제팜, 트리아졸람,페네틸린, 페몰린, 페이요트, 펜디메트라진, 펜메트라진, 펜사이크리딘, 펜사이클리딘,펜캄파민, 펜타조신, 펜터민, 펜프로포렉스, 프라제팜, 플루니트라제팜,플루라제팜, 피나제팜

(2) 마약 소셜 빅데이터 감성분석

마약의 위험을 탐색하고 예측하기 위해서는 온라인 문서에 표현된 마약 관련 요인에 대한 감성분석(opinion mining)을 실시하여 출력변수(Labels)인 감정[위험(Risk), 안심(Non Risk)]을 측정하여야 한다. 본 연구의 마약에 대한 위험과 안심에 대한 감정의 정의는 감정 키워드에 대한 주제분석 과정을 거쳤다. 주제분석에서 출현한 감정 키워드 '가능~힐링'은 긍정적인 감정이나 마약을 애호하는 위험한 감정이기 때문에 위험의 감정으로 분류하였다. 그리고 '가짜~희생'은 마약을 혐오하는 감정이기 때문에 안심의 감정으로 분류하였다.

3) 마약 위험예측 인공지능 학습데이터 생성

소셜 빅데이터를 활용하여 마약 위험을 예측하기 위해서는 인공지능 개발 목적에 따른 출력변수(종속변수)와 입력변수(독립변수)를 가장 우선적으로 선정하여야 한다. 마약 위험예측을 위한 출력변수와 입력변수는 다음과 같은 절차로 선정할 수 있다.

첫째, 출력변수를 선정한다. 마약 온라인 문서에 표현된 마약 관련 요인에 대한 감성분석을 실시해 측정된 감정[위험(Risk), 안심(Non Risk)]을 출력변수로 선정한다[표 8-2].

둘째, 입력변수를 선정하기 위해 다음과 같이 이론적 배경을 정리한다. 마약(narcotics)이란 중추신경계에 작용하면서 오용하거나 남용할 경우 인체에 심각한 위해가 있다고 인정되는 약물을 말하며, 일반적으로 마약·향정신성의약품·대마를 구분하지 않고 마약(마약류)이라고 칭한다(대검찰청, 2022). 우리나라에서는 '마약류'란 중추신경계에 영향을 미쳐 중추신경의 작용을 과도하게 하거나 억제하는 물질 중 신체적·정신적 의존성이 있는 것으로서 관련 법규에 따라 규제 대상으로 지정된 물질을 의미한다.

일반적으로 약리작용에 따라 흥분제(각성제)와 억제제(진정제)로 분류하고, 의존성 면에서 중독성 약물과 습관성 약물로 분류한다. 그리고 생성원에 따라 천연마약과 합성·반합성 마약으로 분류하고, 제조원에 따라 마약, 향정신성의약품, 대마로 분류하고 있다(대검찰청, 2022). 마약류의 생성원별 분류는 천연마약(아편, 모르핀, 헤로인, 코카인), 합성마약(메사돈, 염산페치딘), 향정신성약물[메스암페타민(히로뽕), 바르비탈류, 벤조디아재판류, LSD, 메스칼린, 향정신성의약품], 대마, 흡입제(본드, 가스)로 나눈다. 약리

작용별 분류로는 각성제(암페타민류, 코카인, 메스암페타민, 메틸페니테이트, 니코틴), 환각제(LSD, 메스칼린, 펜시이클리딘, 실로사이민, 암페타민 유사약물, 대마초, 해시시, 테트라하이드로카나비놀, 케타민, 아나볼릭), 아편 및 모르핀(코데인, 헤로인, 메사돈, 모르핀, 아편, 옥시코돈), 진정제(알코올, 바르비탈류, 벤조디아제핀계, GHB, 메타과론)로 나눈다. 또한 마약류의 종류에 따른 분류로는 천연마약(아편알카로이드계, 코카알칼로이드계), 합성마약, 향정신성물질, 흡입제, 중추신경흥분제, 중추신경억제제로 나눈다(한국마약퇴치운동본부[2]).

셋째, 이론적 배경을 분석하여 입력변수를 선정한다. 본 연구에서 마약 온라인 문서의 주제분석을 통해 분류된 17개의 요인[아편(Opium), 모르핀(Morphine), 헤로인(Heroin), 코카인(Cocaine), 코데인(Codeine), 암페타민(Amphetamine), 벤조디아제핀류(Benzodiazepines), LSD(LSD), 대마초(Cannabis), 마리화나(Marihuana), 프로포폴(Propofol), 원료물질(Precursor_chemical), 엑스터시(Ecstasy), 각성제(Stimulant), 향정신성의약품(Psychotropic_Drugs), 환각제(Hallucinogenics), 신종유사마약(New_drug)]을 입력변수로 선정할 수 있다[표 8-2].

[표 8-2] 마약 학습데이터의 출력변수와 입력변수의 구성

구분	변수	변수 설명 Syntax

출력변수
(Labels)
	위험여부
	(Risk_Sentiment)
		compute Risk_Sentiment=9.
		if(긍정 EQ 0 AND 부정 EQ 0) Risk_Sentiment=3.
		if(긍정 LT 부정)Risk_Sentiment=0.
		if(긍정 GT 부정)Risk_Sentiment=1.

		안심(Risk_Sentiment=0)
		위험(Risk_Sentiment=1)
입력변수 (Feature Vectors)	아편 (Opium)	compute Opium=0. if(아편 ge 1 or 천연마약 ge 1)Opium=1.
	모르핀 (Morphine)	compute Morphine=0. if(노르모르핀 ge 1 or 벤질모르핀 ge 1 .or …. ge 1) Morphine=1.
	헤로인 (Heroin)	compute Heroin=0. if(헤로인 ge 1)Heroin=1.

구분	변수	변수 설명 Syntax
입력변수 (Feature Vectors)	코카인 (Cocaine)	compute Cocaine=0. if(코카인ge 1 Cocaine=1.
	코데인 (Codeine)	compute Codeine=0. if(노르코데인 ge 1 or 디히드로코데인 ge 1 .or .... ge 1) Codeine=1.
	암페타민 (Amphetamine)	compute Amphetamine=0. if(메사암페타민 ge 1 or 디메칠암페타민 ge 1 .or .... ge 1) Amphetamine=1.
	벤조디아제핀류 (Benzodiazepines)	compute Benzodiazepines=0. if(신경안정제 ge 1) Benzodiazepines=1.
	LSD (LSD)	compute LSD=0. if(LSD ge 1) LSD=1.
	대마초 (Cannabis)	compute Cannabis=0. if(대마 ge 1 or 대마초 ge 1 .or .... ge 1) Cannabis=1.
	마리화나 (Marihuana)	compute Marihuana=0. if(마리화나 ge 1) Marihuana=1.
	프로포폴 (Propofol)	compute Propofol=0. if(프로포폴 ge 1) Propofol=1.
	원료물질 (Precursor_chemical)	compute Precursor_chemical=0. if(벤질시아나이드 ge 1 or 에칠아민 ge 1 .or .... ge 1) Precursor_chemical=1.
	엑스터시 (Ecstasy)	compute Ecstasy=0. if(엑스터시 ge 1)Ecstasy=1.
	각성제 (Stimulant)	compute Stimulant=0. if(각성제 ge 1)Stimulant=1.
	향정신성의약품 (Psychotropic_Drugs)	compute Psychotropic_Drugs=0. if(향정신성의약품 ge 1)Psychotropic_Drugs=1.
	환각제 (Hallucinogenics)	compute Hallucinogenics=0. if(환각제 ge 1)Hallucinogenics=1.
	신종유사마약 (New_drug)	compute New_drug=0. if(펜타닐 ge 1 or 에토르핀 ge 1 .or .... ge 1)New_drug=1.

본서에서는 마약 트위터 문서의 형태소 분석 자료를 이용하여 2종의 인공지능 학습데이터를 구성하였다. 학습데이터의 구성은 수집된 13만 1,560건의 문서 중 [표

8-2]의 출력변수와 입력변수가 포함된 4만 3,142건의 문서를 대상으로 하였다.

인공지능을 개발하기 위한 머신러닝 학습데이터는 2가지 형태로 구성하여야 한다. 첫째, 인공지능 모형을 평가하기 위해 [그림 8-3]과 같이 출력변수의 변수값의 이름(value label)을 문자 형식(string)으로 지정하여야 한다.

Risk_Sentiment	Risk	Non_Risk	Opium	Morphine	Heroin	Cocaine	Codeine	Amphetamine	Benzodiazepines	Lysergic_acid_diethylamide	Cannabis	Marihuana	Propofol
Risk	1.00	.00	.00	.00	.00	.00	.00	.00	.00	1.00	.00	.00	.00
Risk	1.00	.00	.00	.00	1.00	1.00	.00	.00	.00	.00	1.00	1.00	.00
Risk	1.00	.00	.00	.00	.00	.00	.00	.00	.00	1.00	.00	.00	.00
Risk	1.00	.00	.00	.00	.00	.00	.00	.00	.00	1.00	.00	.00	.00
Risk	1.00	.00	.00	.00	.00	.00	.00	.00	.00	1.00	.00	.00	.00
Risk	1.00	.00	.00	.00	.00	.00	.00	.00	.00	.00	.00	.00	.00
Risk	1.00	.00	.00	.00	.00	.00	.00	.00	.00	.00	.00	1.00	.00
Risk	1.00	.00	.00	.00	.00	.00	.00	.00	.00	.00	.00	.00	1.00
Risk	1.00	.00	.00	.00	.00	1.00	.00	.00	.00	.00	.00	.00	.00
Risk	1.00	.00	.00	.00	.00	.00	.00	.00	.00	1.00	.00	.00	.00
Non_Risk	.00	1.00	.00	.00	.00	.00	.00	.00	.00	1.00	.00	.00	.00
Non_Risk	.00	1.00	.00	.00	.00	.00	.00	.00	.00	1.00	.00	.00	.00
Risk	1.00	.00	.00	.00	1.00	1.00	.00	.00	.00	.00	1.00	1.00	.00
Risk	1.00	.00	.00	.00	.00	.00	.00	.00	.00	.00	.00	.00	.00
Risk	1.00	.00	.00	.00	.00	.00	.00	.00	.00	.00	.00	.00	1.00
Non_Risk	.00	1.00	.00	.00	.00	.00	.00	.00	.00	1.00	.00	.00	.00
Risk	1.00	.00	.00	.00	.00	.00	.00	.00	.00	.00	1.00	.00	.00
Risk	1.00	.00	.00	.00	.00	.00	.00	.00	.00	.00	.00	.00	.00
Non_Risk	.00	1.00	.00	.00	.00	.00	.00	.00	.00	.00	.00	1.00	.00
Risk	1.00	.00	.00	.00	1.00	1.00	.00	.00	.00	.00	1.00	1.00	.00

[그림 8-3] 인공지능 학습데이터 (변수값: 문자형)

둘째, 인공지능 예측모형을 개발하기 위해 [그림 8-4]와 같이 출력변수의 변수값의 이름을 숫자 형식(numeric)으로 지정하여야 한다.

Risk_Sentiment	Risk	Non_Risk	Opium	Morphine	Heroin	Cocaine	Codeine	Amphetamine	Benzodiazepines	Lysergic_acid_diethylamide	Cannabis	Marihuana	Propofol
1.00	1.00	.00	.00	.00	.00	.00	.00	.00	.00	1.00	.00	.00	.00
1.00	1.00	.00	.00	.00	1.00	1.00	.00	.00	.00	.00	1.00	1.00	.00
1.00	1.00	.00	.00	.00	.00	.00	.00	.00	.00	1.00	.00	.00	.00
1.00	1.00	.00	.00	.00	.00	.00	.00	.00	.00	1.00	.00	.00	.00
1.00	1.00	.00	.00	.00	.00	.00	.00	.00	.00	1.00	.00	.00	.00
1.00	1.00	.00	.00	.00	.00	.00	.00	.00	.00	.00	.00	.00	.00
1.00	1.00	.00	.00	.00	.00	.00	.00	.00	.00	.00	.00	1.00	.00
1.00	1.00	.00	.00	.00	.00	.00	.00	.00	.00	.00	.00	.00	1.00
1.00	1.00	.00	.00	.00	.00	1.00	.00	.00	.00	.00	.00	.00	.00
1.00	1.00	.00	.00	.00	.00	.00	.00	.00	.00	1.00	.00	.00	.00
.00	.00	1.00	.00	.00	.00	.00	.00	.00	.00	1.00	.00	.00	.00
.00	.00	1.00	.00	.00	.00	.00	.00	.00	.00	1.00	.00	.00	.00
1.00	1.00	.00	.00	.00	1.00	1.00	.00	.00	.00	.00	1.00	1.00	.00
1.00	1.00	.00	.00	.00	.00	.00	.00	.00	.00	.00	.00	.00	.00
1.00	1.00	.00	.00	.00	.00	.00	.00	.00	.00	.00	.00	.00	1.00
.00	.00	1.00	.00	.00	.00	.00	.00	.00	.00	1.00	.00	.00	.00
1.00	1.00	.00	.00	.00	.00	.00	.00	.00	.00	.00	1.00	.00	.00
1.00	1.00	.00	.00	.00	.00	.00	.00	.00	.00	.00	.00	.00	.00
.00	.00	1.00	.00	.00	.00	.00	.00	.00	.00	.00	.00	1.00	.00
1.00	1.00	.00	.00	.00	1.00	1.00	.00	.00	.00	.00	1.00	1.00	.00

[그림 8-4] 인공지능 학습데이터 (변수값: 숫자형)

본서 1장에서 설명한 미래신호 탐색방법에 따라 단어빈도(TF), 문서빈도(DF), 단어의 중요도 지수를 고려한 문서빈도(TF-IDF) 분석을 실시한 결과 마약의 신호 변화는 [표 8-3]과 같다. 단어빈도에서는 대마초, 환각제, 코카인, 각성제, 향정신성의약품, 신종유사마약, 암페타민, 마리화나, 프로포폴 등의 순위로 나타났다. 문서빈도는 대마초, 환각제, 각성제, 코카인, 향정신성의약품, 신종유사마약, 마리화나, 벤조디아제핀류, 프로포폴 등의 순으로 나타났다. 특히, 신종유사마약은 확산도를 나타내는 문서빈도에서는 6위였으나 중요도 지수를 고려한 단어빈도에서는 4위로 나타나 신종유사마약이 위험 상황으로 발생할 수 있기 때문에 신종유사마약에 대한 모니터링과 관리 방안이 마련되어야 할 것으로 본다.

[표 8-3] 마약의 키워드 분석

순위	단어빈도		문서빈도		단어빈도-역문서빈도	
	키워드	빈도	키워드	빈도	키워드	빈도
1	대마초	35492	대마초	31903	대마초	19734
2	환각제	30850	환각제	30244	환각제	17868
3	코카인	7929	각성제	7546	코카인	9568
4	각성제	7775	코카인	7130	신종유사마약	9295
5	향정신성의약품	7175	향정신성의약품	6756	각성제	9191
6	신종유사마약	7172	신종유사마약	5806	향정신성의약품	8826
7	암페타민	4337	마리화나	3371	암페타민	7057
8	마리화나	3671	벤조디아제핀류	3083	마리화나	5624
9	프로포폴	3495	프로포폴	2929	프로포폴	5568
10	벤조디아제핀류	3332	엑스터시	2897	벤조디아제핀류	5234
11	엑스터시	2937	암페타민	2708	엑스터시	4693
12	원료물질	2325	모르핀	2030	원료물질	4169
13	코데인	2066	코데인	2015	코데인	3627

순위	단어빈도		문서빈도		단어빈도-역문서빈도	
	키워드	빈도	키워드	빈도	키워드	빈도
14	헤로인	2046	헤로인	1990	헤로인	3603
15	모르핀	2044	원료물질	1848	모르핀	3582
16	아편	1837	아편	1702	아편	3360
17	LSD	874	LSD	815	LSD	1878
합계		125357	합계	114773	합계	122877

마약에 대한 DoV 중가율과 평균단어빈도를 산출한 결과 DoV의 증가율은 0.744로 마약의 키워드는 평균적으로 증가하고 있는 것으로 나타났다. 특히 환각제, 코카인, 향정신성의약품, 신종유사마약은 높은 빈도를 보이고 있으며 증가율이 중앙값보다 높게 나타나 이들 마약류에 대한 모니터링과 관리체계가 있어야 할 것으로 본다. DoD는 DoV와 비슷한 추이를 보이고 있으나 프로포폴과 환각제의 확산 속도가 빠른 것으로 나타났다[표 8-4, 표 8-5].

[표 8-4] 마약의 DoV 평균증가율과 평균단어빈도

키워드	DoV			평균증가율	평균단어빈도
	2014년	2015년	2016년		
대마초	12547	8467	14478	0.087	11831
환각제	1668	22294	6888	3.654	10283
코카인	947	5657	1325	1.129	2643
각성제	2566	1291	3918	0.695	2592
향정신성의약품	1022	524	5629	4.572	2392
신종유사마약	1783	1152	4237	1.066	2391
암페타민	2456	998	883	−0.419	1446
마리화나	1263	912	1496	0.068	1224
프로포폴	691	336	2468	2.855	1165
벤조디아제핀류	581	564	2187	1.276	1111

키워드	DoV			평균증가율	평균단어빈도
	2014년	2015년	2016년		
엑스터시	391	1910	636	0.812	979
원료물질	562	448	1315	0.744	775
코데인	707	412	947	0.351	689
헤로인	705	629	712	−0.131	682
모르핀	752	590	702	−0.138	681
아편	1012	344	481	−0.183	612
LSD	125	160	589	1.281	291
중앙값				0.744	1165

[표 8-5] 마약의 DoD 평균증가율과 평균문서빈도

키워드	DoD			평균증가율	평균문서빈도
	2014년	2015년	2016년		
대마초	10870	7619	13414	0.145	10634
환각제	1631	22260	6353	3.381	10081
각성제	2436	1260	3850	0.770	2515
코카인	944	4990	1196	0.765	2377
향정신성의약품	1008	524	5224	4.413	2252
신종유사마약	1403	916	3487	1.208	1935
마리화나	1095	825	1451	0.160	1124
벤조디아제핀류	570	559	1954	1.145	1028
프로포폴	543	331	2055	2.459	976
엑스터시	382	1901	614	0.713	966
암페타민	1548	651	509	−0.458	903
모르핀	751	582	697	−0.129	677
코데인	662	412	941	0.396	672
헤로인	669	622	699	−0.120	663

키워드	DoD			평균증가율	평균문서빈도
	2014년	2015년	2016년		
원료물질	500	431	917	0.388	616
아편	935	340	427	−0.226	567
LSD	117	151	547	1.308	272
중앙값				0.713	976

　[표 8-6], [그림 8-6], [그림 8-7]과 같이 KEM과 KIM에 공통적으로 나타나는 강신호(1사분면)에는 환각제, 향정신성의약품, 코카인, 신종유사마약이 포함되었고, 약신호(2사분면)에는 프로포폴, LSD, 벤조디아제핀류, 엑스터시가 포함되었다. KEM과 KIM에 공통적으로 4사분면에 나타난 강하지만 증가율이 낮은 신호는 대마초, 마리화나로 나타났으며, KEM과 KIM에 공통적으로 3사분면에 나타난 잠재신호는 원료물질, 코데인, 헤로인, 모르핀, 아편으로 나타났다. 특히 약신호인 2사분면에는 프로포폴과 LSD가 높은 증가율을 보여 프로포폴과 LSD에 대한 관리 체계가 신속히 마련되어야 할 것으로 본다.

=E2*LOG10(114773/12)

A	2014년TF	2015년TF	2016년TF	TOT_TF	2014년DF	2015년DF	2016년DF	TOT_DF	TF-IDF	2013년DoV	2014년DoV	2015년DoV	Dov12증가	Dov23증?	DoV평균증가율	TF평균빈도	2014년DoD	2015년DoD	2016년DoD	DoD12증?	DoD23증?	DoD평균증가율	DF평균빈
아편	1012	344	481	1837	935	340	427	1702	3360	0.031	0.007	0.010	-0.771	0.406	-0.183	612	0.032	0.007	0.010	-0.775	0.323	-0.226	56
모르핀	752	590	702	2044	751	582	697	2030	3582	0.023	0.012	0.014	-0.472	0.196	-0.138	681	0.026	0.012	0.016	-0.520	0.262	-0.129	67
헤로인	705	629	712	2046	669	822	899	1990	3603	0.021	0.013	0.015	-0.399	0.138	-0.131	682	0.023	0.013	0.016	-0.424	0.184	-0.120	66
코카인	947	5657	1325	7929	944	4990	1196	7130	9568	0.029	0.115	0.027	3.022	-0.726	1.129	2643	0.033	0.107	0.027	2.277	-0.747	0.765	237
코데인	707	412	947	2066	662	412	941	2015	3627	0.021	0.008	0.019	-0.608	1.310	0.351	689	0.023	0.009	0.021	-0.614	1.406	0.396	67
암페타민	2456	998	883	4337	1548	651	509	2708	7057	0.074	0.020	0.018	-0.726	-0.111	-0.419	1446	0.053	0.011	0.011	-0.739	-0.176	-0.458	90
벤조디아제핀류	581	564	2187	3332	570	559	1954	3083	5234	0.018	0.011	0.045	-0.346	2.898	1.276	1111	0.020	0.012	0.044	-0.392	2.683	1.145	102
LSD	125	160	589	874	117	151	547	815	1878	0.004	0.003	0.012	-0.138	2.700	1.281	291	0.004	0.003	0.012	-0.200	2.817	1.308	27
대마초	12547	8467	14478	35492	10870	7619	13414	31903	19734	0.379	0.172	0.296	-0.546	0.719	0.087	11831	0.375	0.163	0.303	-0.565	0.855	0.145	1063
마리화나	1263	912	1496	3671	1095	825	1451	3371	5624	0.038	0.019	0.031	-0.514	0.649	0.068	1224	0.038	0.018	0.033	-0.533	0.853	0.160	112
프로포폴	691	336	2468	3495	543	331	2055	2929	5568	0.021	0.007	0.050	-0.673	6.383	2.855	1165	0.019	0.007	0.046	-0.622	5.541	2.459	97
원료물질	562	448	1315	2325	500	431	917	1848	4169	0.017	0.009	0.027	-0.463	1.951	0.744	775	0.017	0.009	0.021	-0.466	1.242	0.388	61
엑스터시	391	1910	636	2937	382	1901	614	2897	4693	0.012	0.039	0.013	2.289	-0.665	0.812	979	0.013	0.041	0.014	2.085	-0.660	0.713	96
각성제	2566	1291	3918	7775	2436	1260	3850	7546	9191	0.078	0.026	0.080	-0.661	2.051	0.695	2592	0.084	0.027	0.087	-0.679	2.219	0.770	251
향정신성의약품	1022	524	5629	7175	1008	524	5224	6756	8826	0.031	0.011	0.115	-0.655	9.798	4.572	2392	0.035	0.011	0.118	-0.678	9.503	4.413	225
환각제	1668	22294	6888	30850	1631	22260	6353	30244	17868	0.050	0.454	0.141	7.998	-0.689	3.654	10283	0.056	0.477	0.143	7.462	-0.699	3.381	1008
신종유사마약	1783	1152	4237	7172	1403	916	3487	5806	9295	0.054	0.023	0.087	-0.565	2.697	1.066	2391	0.048	0.020	0.079	-0.595	3.011	1.208	193
합계	29778	46688	48891	125357	26064	44374	44335	114773	122877														

[그림 8-5] [표 8-3~표 8-5] 작성을 위한 Excel 활용

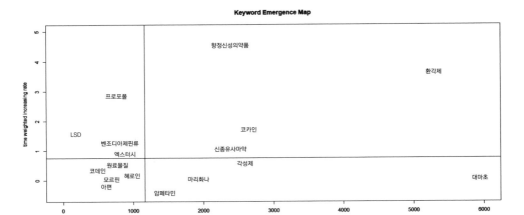

[그림 8-6] 마약 관련 키워드 KEM

```
R Console
> rm(list=ls())
> setwd("c:/Drug_AI")
> drug=read.table(file="DoV_drug_2024.txt",header=T)
> windows(height=8.5, width=8)
> plot(drug$tf,drug$inc,xlim=c(0,6000), ylim=c(-.5,5.0), pch=18 ,
+   col=8,xlab='average term frequency', ylab='time weighted increasing rate',
+   main='Keyword Emergence Map')
> text(drug$tf,drug$inc,label=drug$drug,cex=1, col=1)
> abline(h=0.744, v=1165, lty=1, col=1, lwd=0.5)
> savePlot('Drug_DoV',type='tif')
> |
```

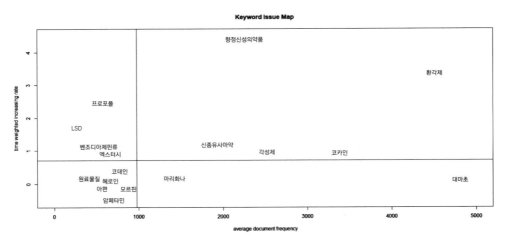

[그림 8-7] 마약 관련 키워드 KIM

```
R Console                                                    [_][□][X]

> rm(list=ls())
> setwd("c:/Drug_AI")
> drug=read.table(file="DoD_drug_2024.txt",header=T)
> windows(height=8.5, width=8)
> plot(drug$tf,drug$inc,xlim=c(0,5000), ylim=c(-.5,4.5), pch=18 ,
+  col=8,xlab='average document frequency', ylab='time weighted increasing rate',
+  main='Keyword Issue Map')
> text(drug$tf,drug$inc,label=drug$drug,cex=1, col=1)
> abline(h=0.713, v=976, lty=1, col=1, lwd=0.5)
> savePlot('Drug_DoD',type='tif')
> |
```

[표 8-6] 마약 관련 키워드의 미래신호

구분	잠재신호 (Latent signal)	약신호 (Weak signal)	강신호 (Strong signal)	강하지만 증가율이 낮은 신호 (Strong but low increasing signal)
KEM	원료물질, 코데인, 헤로인, 모르핀, 아편	프로포폴, LSD, 벤조디아제핀류, 엑스터시	환각제, 향정신성의약품, 코카인, 신종유사마약	대마초, 각성제, 마리화나, 암페타민
KIM	원료물질, 코데인, 헤로인, 모르핀, 아편, 암페타민	프로포폴, LSD, 벤조디아제핀류, 엑스터시	환각제, 향정신성의약품, 코카인, 각성제, 신종유사마약	대마초, 마리화나
주요 신호	원료물질, 코데인, 헤로인, 모르핀, 아편	프로포폴, LSD, 벤조디아제핀류, 엑스터시	환각제, 향정신성의약품, 코카인, 신종유사마약	대마초, 마리화나

4 | 마약 위험예측 인공지능 개발

머신러닝을 활용한 마약 위험예측 인공지능 개발 절차는 [그림 8-8]과 같다.

- 첫째, 지도학습 알고리즘을 이용하여 학습데이터(learning data)를 훈련데이터 (training data)와 시험데이터(test data)로 분할하여 학습하고 모형을 평가한 후 최적 모형을 선정한다.
- 둘째, 선정된 최적 모형을 이용해 원데이터의 입력변수만으로 출력변수를 예측한다.
- 셋째, 원데이터의 출력변수와 예측데이터의 출력변수를 활용하여 모형 평가에서 산출된 정확도, 민감도, 특이도를 평가하여 양질의 학습데이터를 생성한다.
- 넷째, 양질의 학습데이터를 이용하여 최적 모형으로 마약 위험을 예측하는 인공지능을 개발한다.

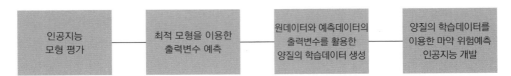

[그림 8-8] 마약 위험예측 인공지능 개발 절차

4-1 인공지능 모형 평가

지도학습 알고리즘을 이용하여 마약 학습데이터(4만 3,142건)를 훈련데이터와 시험데이터의 비율을 7:3으로 분할하여 학습한 후 모형을 평가한 결과, 정확도는 랜덤포레스트 모형이 가장 높고 특이도는 나이브 베이즈 분류모형이 가장 높은 것으로 나타났다. 그리고 AUC는 신경망, 랜덤포레스트가 높은 것으로 나타났다. 따라서 본 연구에서는 정확도와 AUC가 상대적으로 우수한 신경망을 최적 모형[3]으로 선정하였다[표 8-7].

---

3 정확도와 민감도에서 랜덤포레스트 모형이 우수하나, 민감도가 상대적으로 높은 랜덤포레스트로 출력변수를 예측했을 때 위험의 확률이 과다 추정될 수 있어 신경망을 최적 모형으로 선정하였다.

[표 8-7] 마약 위험예측 인공지능 모형 평가 (7:3)

Evaluation Index	Naïve Bayes classification	neural networks	logistic regression	support vector machines	random forests	decision trees
accuracy	60.78	65.42	63.85	65.31	66.45	65.53
error rate	39.22	34.58	36.15	34.69	33.95	34.47
specificity	79.05	46.50	43.71	46.89	47.15	47.01
sensitivity	46.15	80.81	80.56	80.17	81.25	80.60
precision	73.34	65.00	63.32	65.18	65.64	65.16
AUC	0.66	0.71	0.69	0.69	0.71	0.71
	best accuracy		random forests			
	best error rate		random forests			
	best specificity		Naïve Bayes classification			
	best sensitivity		random forests			
	best precision		Naïve Bayes classification			
	best AUC(Area Under the Curve)		neural networks, random forests, decision trees			

Model Evaluation (misclassification table)

#1 naiveBayes classification model

```
> rm(list=ls( ))
> setwd("c:/Drug_AI")
> install.packages('MASS'); library(MASS)
> install.packages('e1071'); library(e1071)
> tdata = read.table('Drug_learningdata_S_202301.txt',header=T)
> input=read.table('input_drug_2024.txt',header=T,sep=",")
> output=read.table('output_drug_2024.txt',header=T,sep=",")
> input_vars = c(colnames(input))
> output_vars = c(colnames(output))
> form = as.formula(paste(paste(output_vars,collapse = '+'),'~',paste(input_vars,collapse = '+')))
```

```
> form
> ind=sample(2, nrow(tdata), replace=T,prob=c(0.7,0.3))
> tr_data=tdata[ind==1,]
> te_data=tdata[ind==2,]
> train_data.lda=naiveBayes(form,data=tr_data)
> p=predict(train_data.lda, te_data, type='class')
> table(te_data$Risk_Sentiment,p)
# index of evaluation
> perm_a=function(p1, p2, p3, p4) {pr_a=(p1+p4)/sum(p1, p2, p3, p4)return(pr_
a)} # accuracy
> perm_a(4543,1268,3812,3324)
> perm_e=function(p1, p2, p3, p4) {pr_e=(p2+p3)/sum(p1, p2, p3, p4)return(pr_
e)} # error rate
> perm_e(4543,1268,3812,3324)
> perm_s=function(p1, p2, p3, p4) {pr_s=p4/(p3+p4)return(pr_s)} # sensitivity
> perm_s(4543,1268,3812,3324)
> perm_sp=function(p1, p2, p3, p4) {pr_sp=p1/(p1+p2)return(pr_sp)} # specificity
> perm_sp(4543,1268,3812,3324)
> perm_p=function(p1, p2, p3, p4) {pr_p=p4/(p2+p4)return(pr_p)} # precision
> perm_p(4543,1268,3812,3324)


#2 neural network model
> setwd("c:/Drug_AI")
> install.packages("nnet"); library(nnet)
> install.packages('MASS'); library(MASS)
> tdata = read.table('Drug_learningdata_S_202301.txt',header=T)
> input=read.table('input_drug_2024.txt',header=T,sep=",")
> output=read.table('output_drug_2024.txt',header=T,sep=",")
> input_vars = c(colnames(input))
> output_vars = c(colnames(output))
> form = as.formula(paste(paste(output_vars, collapse = '+'),'~',paste(input_
vars, collapse = '+')))
```

```
> form

> ind=sample(2, nrow(tdata), replace=T,prob=c(0.7,0.3))

> tr_data=tdata[ind==1,]

> te_data=tdata[ind==2,]

> tr.nnet = nnet(form, data=tr_data, size=7, itmax=200)

> p=predict(tr.nnet, te_data, type='class')

> table(te_data$Risk_Sentiment,p)
# index of evaluation
> perm_a=function(p1, p2, p3, p4) {pr_a=(p1+p4)/sum(p1, p2, p3, p4)return(pr_
a)} # accuracy

> perm_a(2742,3041,1394,5647)

> perm_e=function(p1, p2, p3, p4) {pr_e=(p2+p3)/sum(p1, p2, p3, p4)return(pr_
e)} # error rate

> perm_e(2742,3041,1394,5647)

> perm_s=function(p1, p2, p3, p4) {pr_s=p4/(p3+p4)return(pr_s)} # sensitivity

> perm_s(2742,3041,1394,5647)

> perm_sp=function(p1, p2, p3, p4) {pr_sp=p1/(p1+p2)return(pr_sp)} # specificity

> perm_sp(2742,3041,1394,5647)

> perm_p=function(p1, p2, p3, p4) {pr_p=p4/(p2+p4)return(pr_p)} # precision

> perm_p(2742,3041,1394,5647)



#3 logistic regression model
> rm(list=ls( ))

> setwd("c:/Drug_AI")

> tdata = read.table('Drug_learningdata_N_202301.txt',header=T)

> input=read.table('input_drug_2024.txt',header=T,sep=",")

> output=read.table('output_drug_2024.txt',header=T,sep=",")

> input_vars = c(colnames(input))

> output_vars = c(colnames(output))

> form = as.formula(paste(paste(output_vars, collapse = '+'),'~',paste(input_
vars, collapse = '+')))

> form
```

```
> ind=sample(2, nrow(tdata), replace=T,prob=c(0.7,0.3))
> tr_data=tdata[ind==1,]
> te_data=tdata[ind==2,]
> i_logistic=glm(form, family=binomial,data=tr_data)
> p=predict(i_logistic,te_data,type='response')
> p=round(p)
> table(te_data$Risk_Sentiment,p)
# index of evaluation
> perm_a=function(p1, p2, p3, p4) {pr_a=(p1+p4)/sum(p1, p2, p3, p4)return(pr_
a)} # accuracy
> perm_a(2588,3320,1427,5641)
> perm_e=function(p1, p2, p3, p4) {pr_e=(p2+p3)/sum(p1, p2, p3, p4)return(pr_
e)} # error rate
> perm_e(2588,3320,1427,5641)
> perm_s=function(p1, p2, p3, p4) {pr_s=p4/(p3+p4)return(pr_s)} # sensitivity
> perm_s(2588,3320,1427,5641)
> perm_sp=function(p1, p2, p3, p4) {pr_sp=p1/(p1+p2)return(pr_sp)} # specificity
> perm_sp(2588,3320,1427,5641)
> perm_p=function(p1, p2, p3, p4) {pr_p=p4/(p2+p4)return(pr_p)} # precision
> perm_p(2588,3320,1427,5641)


#4 support vector machines model
> rm(list=ls( ))
> setwd("c:/Drug_AI")
> library(e1071)
> library(caret)
> library(kernlab)
> tdata = read.table('Drug_learningdata_S_202301.txt',header=T)
> input=read.table('input_drug_2024.txt',header=T,sep=",")
> output=read.table('output_drug_2024.txt',header=T,sep=",")
> input_vars = c(colnames(input))
> output_vars = c(colnames(output))
```

```
> form = as.formula(paste(paste(output_vars, collapse = '+'),'~',paste(input_vars, collapse = '+')))
> form
> ind=sample(2, nrow(tdata), replace=T,prob=c(0.7,0.3))
> tr_data=tdata[ind==1,]
> te_data=tdata[ind==2,]
> svm.model=svm(form,data=tr_data,kernel='radial')
> p=predict(svm.model,te_data)
> table(te_data$Risk_Sentiment,p)
# index of evaluation
> perm_a=function(p1, p2, p3, p4) {pr_a=(p1+p4)/sum(p1, p2, p3, p4)return(pr_a)} # accuracy
> perm_a(2825,3106,1319,5633)
> perm_e=function(p1, p2, p3, p4) {pr_e=(p2+p3)/sum(p1, p2, p3, p4)return(pr_e)} # error rate
> perm_e(2825,3106,1319,5633)
> perm_s=function(p1, p2, p3, p4) {pr_s=p4/(p3+p4)return(pr_s)} # sensitivity
> perm_s(2825,3106,1319,5633)
> perm_sp=function(p1, p2, p3, p4) {pr_sp=p1/(p1+p2)return(pr_sp)} # specificity
> perm_sp(2825,3106,1319,5633)
> perm_p=function(p1, p2, p3, p4) {pr_p=p4/(p2+p4)return(pr_p)} # precision
> perm_p(2825,3106,1319,5633)


#5 random forests model
> rm(list=ls( ))
> setwd("c:/Drug_AI")
> install.packages("randomForest")
> library(randomForest)
> memory.size(22000)
> tdata = read.table('Drug_learningdata_S_202301.txt',header=T)
> input=read.table('input_drug_2024.txt',header=T,sep=",")
> output=read.table('output_drug_2024.txt',header=T,sep=",")
```

```
> input_vars = c(colnames(input))
> output_vars = c(colnames(output))
> form = as.formula(paste(paste(output_vars, collapse = '+'),'~',paste(input_
vars, collapse = '+')))
> form
> ind=sample(2, nrow(tdata), replace=T,prob=c(0.7,0.3))
> tr_data=tdata[ind==1,]
> te_data=tdata[ind==2,]
> tdata.rf = randomForest(form, data=tr_data,forest=FALSE,importance=TR
UE)
> p=predict(tdata.rf,te_data)
> table(te_data$Risk_Sentiment,p)
# index of evaluation
> perm_a=function(p1, p2, p3, p4) {pr_a=(p1+p4)/sum(p1, p2, p3, p4)return(pr_
a)} # accuracy
> perm_a(2745,3059,1381,5785)
> perm_e=function(p1, p2, p3, p4) {pr_e=(p2+p3)/sum(p1, p2, p3, p4)return(pr_
e)} # error rate
> perm_e(2745,3059,1381,5785)
> perm_s=function(p1, p2, p3, p4) {pr_s=p4/(p3+p4)return(pr_s)} # sensitivity
> perm_s(2745,3059,1381,5785)
> perm_sp=function(p1, p2, p3, p4) {pr_sp=p1/(p1+p2)return(pr_sp)} # specificity
> perm_sp(2745,3059,1381,5785)
> perm_p=function(p1, p2, p3, p4) {pr_p=p4/(p2+p4)return(pr_p)} # precision
> perm_p(2745,3059,1381,5785)


#6 decision trees model
> install.packages('party')
> library(party)
> rm(list=ls( ))
> setwd("c:/Drug_AI")
> tdata = read.table('Drug_learningdata_S_202301.txt',header=T)
```

```
> input=read.table('input_drug_2024.txt',header=T,sep=",")
> output=read.table('output_drug_2024.txt',header=T,sep=",")
> input_vars = c(colnames(input))
> output_vars = c(colnames(output))
> form = as.formula(paste(paste(output_vars, collapse = '+'),'~',paste(input_
vars, collapse = '+')))
> form
> ind=sample(2, nrow(tdata), replace=T,prob=c(0.7,0.3))
> tr_data=tdata[ind==1,]
> te_data=tdata[ind==2,]
> i_ctree=ctree(form,tr_data)
> p=predict(i_ctree,te_data)
> table(te_data$Risk_Sentiment,p)
# index of evaluation
> perm_a=function(p1, p2, p3, p4) {pr_a=(p1+p4)/sum(p1, p2, p3, p4)return(pr_
a)} # accuracy
> perm_a(2749,3046,1411,5694)
> perm_e=function(p1, p2, p3, p4) {pr_e=(p2+p3)/sum(p1, p2, p3, p4)return(pr_
e)} # error rate
> perm_e(2749,3046,1411,5694)
> perm_s=function(p1, p2, p3, p4) {pr_s=p4/(p3+p4)return(pr_s)} # sensitivity
> perm_s(2749,3046,1411,5694)
> perm_sp=function(p1, p2, p3, p4) {pr_sp=p1/(p1+p2)return(pr_sp)} # specificity
> perm_sp(2749,3046,1411,5694)
> perm_p=function(p1, p2, p3, p4) {pr_p=p4/(p2+p4)return(pr_p)} # precision
> perm_p(2749,3046,1411,5694)
```

Model Evaluation (ROC curve)

#1 naiveBayes ROC
```
> rm(list=ls( ))
> setwd("C:/Drug_AI")
> install.packages('MASS')
> library(MASS)
> install.packages('e1071')
> library(e1071)
> install.packages('ROCR')
> library(ROCR)
> tdata = read.table('Drug_learningdata_N_202301.txt',header=T)
> input=read.table('input_drug_2024.txt',header=T,sep=",")
> output=read.table('output_drug_2024.txt',header=T,sep=",")
> p_output=read.table('p_output_bayes.txt',header=T,sep=",")
> input_vars = c(colnames(input))
> output_vars = c(colnames(output))
> p_output_vars = c(colnames(p_output))
> form = as.formula(paste(paste(output_vars, collapse = '+'),'~',paste(input_
vars, collapse = '+')))
> form
> ind=sample(2, nrow(tdata), replace=T,prob=c(0.7,0.3))
> tr_data=tdata[ind==1,]
> te_data=tdata[ind==2,]
> train_data.lda=naiveBayes(form,data=tr_data)
> p=predict(train_data.lda, te_data, type='raw')
> dimnames(p)=list(NULL,c(p_output_vars))
> summary(p)
> mydata=cbind(te_data, p)
> write.matrix(mydata,'naive_bayse_drug_ROC.txt')
> mydata1=read.table('naive_bayse_drug_ROC.txt',header=T)
> attach(mydata1)
> pr=prediction(p_Risk, te_data$Risk_Sentiment)
> bayes_prf=performance(pr, measure='tpr', x.measure='fpr')
```

```
> auc=performance(pr, measure='auc')
> auc_bayes=auc@y.values[[1]]
> auc_bayes=sprintf('%.2f',auc_bayes)
> plot(bayes_prf,col=1,lty=1,lwd=1.5,main='ROC curver for Machine Learning
Models')
> abline(0,1,lty=3)
```

#2 neural networks ROC
```
> install.packages("nnet"); library(nnet)
> attach(tdata)
> tr.nnet = nnet(form, data=tr_data, size=7)
> p=predict(tr.nnet, te_data, type='raw')
> pr=prediction(p, te_data$Risk_Sentiment)
> neural_prf=performance(pr, measure='tpr', x.measure='fpr')
> neural_x=unlist(attr(neural_prf, 'x.values'))
> neural_y=unlist(attr(neural_prf, 'y.values'))
> auc=performance(pr, measure='auc')
> auc_neural=auc@y.values[[1]]
> auc_neural=sprintf('%.2f',auc_neural)
> lines(neural_x,neural_y, col=2,lty=2)
```

#3 logistic ROC
```
> i_logistic=glm(form, family=binomial,data=tr_data)
> p=predict(i_logistic,te_data,type='response')
> pr=prediction(p, te_data$Risk_Sentiment)
> lo_prf=performance(pr, measure='tpr', x.measure='fpr')
> lo_x=unlist(attr(lo_prf, 'x.values'))
> lo_y=unlist(attr(lo_prf, 'y.values'))
> auc=performance(pr, measure='auc')
> auc_lo=auc@y.values[[1]]
> auc_lo=sprintf('%.2f',auc_lo)
> lines(lo_x,lo_y, col=3,lty=3)
```

#4 SVM ROC

```
> library(e1071); library(caret)
> install.packages('kernlab'); library(kernlab)
> svm.model=svm(form,data=tr_data,kernel='radial')
> p=predict(svm.model,te_data)
> pr=prediction(p, te_data$Risk_Sentiment)
> svm_prf=performance(pr, measure='tpr', x.measure='fpr')
> svm_x=unlist(attr(svm_prf, 'x.values'))
> svm_y=unlist(attr(svm_prf, 'y.values'))
> auc=performance(pr, measure='auc')
> auc_svm=auc@y.values[[1]]
> auc_svm=sprintf('%.2f',auc_svm)
> lines(svm_x,svm_y, col=4,lty=4)
```

#5 random forests ROC

```
> install.packages("randomForest")
> library(randomForest)
> tdata.rf = randomForest(form, data=tr_data, forest=FALSE,importance=TRUE)
> p=predict(tdata.rf,te_data)
> pr=prediction(p, te_data$Risk_Sentiment)
> ran_prf=performance(pr, measure='tpr', x.measure='fpr')
> ran_x=unlist(attr(ran_prf, 'x.values'))
> ran_y=unlist(attr(ran_prf, 'y.values'))
> auc=performance(pr, measure='auc')
> auc_ran=auc@y.values[[1]]
> auc_ran=sprintf('%.2f',auc_ran)
> lines(ran_x,ran_y, col=5,lty=5)
```

#6 decision trees ROC

```
> install.packages('party')
> library(party)
> i_ctree=ctree(form,tr_data)
```

```
> p=predict(i_ctree,te_data)

> pr=prediction(p, te_data$Risk_Sentiment)

> tree_prf=performance(pr, measure='tpr', x.measure='fpr')

> tree_x=unlist(attr(tree_prf, 'x.values'))

> tree_y=unlist(attr(tree_prf, 'y.values'))

> auc=performance(pr, measure='auc')

> auc_tree=auc@y.values[[1]]

> auc_tree=sprintf('%.2f',auc_tree)

> lines(tree_x,tree_y, col=6,lty=6)

> legend('bottomright',legend=c('naive bayes','neural network','logistics','SVM','random forest','decision tree'),lty=1:6, col=1:6)

> legend('topleft',legend=c('naive=',auc_bayes,'neural=',auc_neural,'logistics=',auc_lo,'SVM=',auc_svm,'random=',auc_ran,'decision=',auc_tree),cex=0.7)
```

```
R Console
> tdata = read.table('Drug_learningdata_S_202301.txt',header=T)
> input=read.table('input_drug_2024.txt',header=T,sep=",")
Warning message:
In read.table("input_drug_2024.txt", header = T, sep = ",") :
  incomplete final line found by readTableHeader on 'input_drug_2024.txt'
> output=read.table('output_drug_2024.txt',header=T,sep=",")
Warning message:
In read.table("output_drug_2024.txt", header = T, sep = ",") :
  incomplete final line found by readTableHeader on 'output_drug_2024.txt'
> input_vars = c(colnames(input))
> output_vars = c(colnames(output))
> form = as.formula(paste(paste(output_vars, collapse = '+'),'~',
+ paste(input_vars, collapse = '+')))
> ind=sample(2, nrow(tdata), replace=T,prob=c(0.7,0.3))
> tr_data=tdata[ind==1,]
> te_data=tdata[ind==2,]
> train_data.lda=naiveBayes(form,data=tr_data)
> p=predict(train_data.lda, te_data, type='class')
> table(te_data$Risk_Sentiment,p)
              p
              Non_Risk Risk
  Non_Risk     4581 1214
  Risk         3897 3340
> perm_a=function(p1, p2, p3, p4) {pr_a=(p1+p4)/sum(p1, p2, p3, p4)
+      return(pr_a)} # accuracy
> perm_a(4581,1214,3897,3340)
[1] 0.6078115
> perm_e=function(p1, p2, p3, p4) {pr_e=(p2+p3)/sum(p1, p2, p3, p4)
+      return(pr_e)} # error rate
> perm_e(4581,1214,3897,3340)
[1] 0.3921885
> perm_s=function(p1, p2, p3, p4) {pr_s=p4/(p3+p4)
+      return(pr_s)} # sensitivity
> perm_s(4581,1214,3897,3340)
[1] 0.4615172
> perm_sp=function(p1, p2, p3, p4) {pr_sp=p1/(p1+p2)
+      return(pr_sp)} # specificity
> perm_sp(4581,1214,3897,3340)
[1] 0.7905091
> perm_p=function(p1, p2, p3, p4) {pr_p=p4/(p2+p4)
+      return(pr_p)} # precision
> perm_p(4581,1214,3897,3340)
[1] 0.7334212
> |
```

```
> install.packages('ROCR')
Installing package into 'C:/Users/AERO/Documents/R/win-library/3.6'
(as 'lib' is unspecified)
Warning: package 'ROCR' is in use and will not be installed
> library(ROCR)
> tdata = read.table('Drug_learningdata_N_202301.txt',header=T)
> input=read.table('input_drug_2024.txt',header=T,sep=",")
Warning message:
In read.table("input_drug_2024.txt", header = T, sep = ",") :
  incomplete final line found by readTableHeader on 'input_drug_2024.txt'
> output=read.table('output_drug_2024.txt',header=T,sep=",")
Warning message:
In read.table("output_drug_2024.txt", header = T, sep = ",") :
  incomplete final line found by readTableHeader on 'output_drug_2024.txt'
> p_output=read.table('p_output_bayes.txt',header=T,sep=",")
Warning message:
In read.table("p_output_bayes.txt", header = T, sep = ",") :
  incomplete final line found by readTableHeader on 'p_output_bayes.txt'
> input_vars = c(colnames(input))
> output_vars = c(colnames(output))
> p_output_vars = c(colnames(p_output))
> form = as.formula(paste(paste(output_vars, collapse = '+'),'~',
+ paste(input_vars, collapse = '+')))
> ind=sample(2, nrow(tdata), replace=T,prob=c(0.7,0.3))
> tr_data=tdata[ind==1,]
> te_data=tdata[ind==2,]
> train_data.lda=naiveBayes(form,data=tr_data)
> p=predict(train_data.lda, te_data, type='raw')
> dimnames(p)=list(NULL,c(p_output_vars))
> mydata=cbind(te_data, p)
> write.matrix(mydata,'naive_bayse_drug_ROC.txt')
> mydata1=read.table('naive_bayse_drug_ROC.txt',header=T)
> attach(mydata1)
> pr=prediction(p_Risk, te_data$Risk_Sentiment)
> bayes_prf=performance(pr, measure='tpr', x.measure='fpr')
> auc=performance(pr, measure='auc')
> auc_bayes=auc@y.values[[1]]
> auc_bayes=sprintf('%.2f',auc_bayes)
> plot(bayes_prf,col=1,lty=1,lwd=1.5,main='ROC curver for Machine Learning Models')
> abline(0,1,lty=3)
> |
```

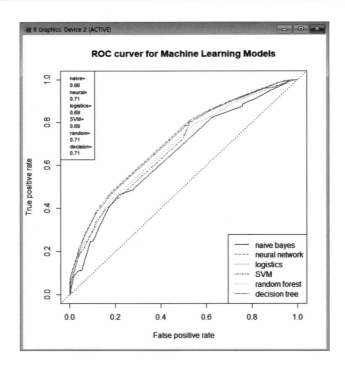

4-2 최적 모형을 이용한 출력변수 예측

선정된 최적 모형인 신경망 모형을 이용하여 원데이터의 입력변수만으로 원데이터의 출력변수를 예측한다.

```
# neural network model(cbr)
> rm(list=ls( ))
> setwd("c:/Drug_AI")
> install.packages("nnet")
> library(nnet)
> install.packages('MASS')
> library(MASS)
> tdata = read.table('Drug_learningdata_S_202301.txt',header=T)
> input=read.table('input_drug_2024.txt',header=T,sep=",")
> output=read.table('output_drug_2024.txt',header=T,sep=",")
> input_vars = c(colnames(input))
> output_vars = c(colnames(output))
> form = as.formula(paste(paste(output_vars, collapse = '+'),'~', paste(input_
vars, collapse = '+')))
> form
> tr.nnet = nnet(form, data=tdata, size=7, itmax=200)
> p=predict(tr.nnet, tdata, type='class')
> table(tdata$Risk_Sentiment,p)
# index of evaluation
> perm_a=function(p1, p2, p3, p4) {pr_a=(p1+p4)/sum(p1, p2, p3, p4)return(pr_
a)} # accuracy
> perm_a(9155,10239,4581,19167)
> perm_s=function(p1, p2, p3, p4) {pr_s=p4/(p3+p4)return(pr_s)} # sensitivity
> perm_s(9155,10239,4581,19167)
> perm_sp=function(p1, p2, p3, p4) {pr_sp=p1/(p1+p2)return(pr_sp)} # specificity
> perm_sp(9155,10239,4581,19167)
> mydata=cbind(tdata, p)
> write.matrix(mydata,'drug_neural_2024_cbr.txt')
```

```
> #2 neural network model(cbr)
> rm(list=ls())
> setwd("c:/Drug_AI")
> install.packages("nnet")
Installing package into 'C:/Users/AERO/Documents/R/win-library/3.6'
(as 'lib' is unspecified)

  There is a binary version available but the source version is
  later:
       binary source needs_compilation
nnet 7.3-16 7.3-19              TRUE

  Binaries will be installed
Warning: package 'nnet' is in use and will not be installed
> library(nnet)
> install.packages('MASS')
Installing package into 'C:/Users/AERO/Documents/R/win-library/3.6'
(as 'lib' is unspecified)
Warning message:
package 'MASS' is not available (for R version 3.6.3)
> library(MASS)
> tdata = read.table('Drug_learningdata_S_202301.txt',header=T)
> input=read.table('input_drug_2024.txt',header=T,sep=",")
Warning message:
In read.table("input_drug_2024.txt", header = T, sep = ",") :
  incomplete final line found by readTableHeader on 'input_drug_2024.txt'
> output=read.table('output_drug_2024.txt',header=T,sep=",")
Warning message:
In read.table("output_drug_2024.txt", header = T, sep = ",") :
  incomplete final line found by readTableHeader on 'output_drug_2024.txt'
> input_vars = c(colnames(input))
> output_vars = c(colnames(output))
> form = as.formula(paste(paste(output_vars, collapse = '+'),'~',
+   paste(input_vars, collapse = '+')))
> form
Risk_Sentiment ~ Opium + Morphine + Heroin + Cocaine + Codeine +
    Amphetamine + Benzodiazepines + Lysergic_acid_diethylamide +
    Cannabis + Marihuana + Propofol + Precursor_chemical + Ecstasy +
    Stimulant + Psychotropic_Drugs + Hallucinogenics + New_drug
> |
```

```
> tr.nnet = nnet(form, data=tdata, size=7, itmax=200)
# weights:  134
initial  value 29785.659203
iter  10 value 27110.771066
iter  20 value 26553.219933
iter  30 value 26259.641665
iter  40 value 26127.861842
iter  50 value 26055.244250
iter  60 value 26007.073007
iter  70 value 25974.843624
iter  80 value 25954.311271
iter  90 value 25940.056655
iter 100 value 25931.514235
final  value 25931.514235
stopped after 100 iterations
> p=predict(tr.nnet, tdata, type='class')
> table(tdata$Risk_Sentiment,p)
          p
           Non_Risk Risk
  Non_Risk    9177 10217
  Risk        4590 19158
> # index of evaluation
> perm_a=function(p1, p2, p3, p4) {pr_a=(p1+p4)/sum(p1, p2, p3, p4)
+     return(pr_a)} # accuracy
> perm_a(9177,10217,4590,19158)
[1] 0.6567846
> perm_s=function(p1, p2, p3, p4) {pr_s=p4/(p3+p4)
+     return(pr_s)} # sensitivity
> perm_s(9177,10217,4590,19158)
[1] 0.8067206
> perm_sp=function(p1, p2, p3, p4) {pr_sp=p1/(p1+p2)
+     return(pr_sp)} # specificity
> perm_sp(9177,10217,4590,19158)
[1] 0.4731876
> mydata=cbind(tdata, p)
> write.matrix(mydata,'drug_neural_2024_cbr.txt')
> |
```

해석 신경망 모형으로 원데이터를 1:1로 분할하여 모형 평가를 한 결과, 정확도는 65.68%, 민감도는 80.67%, 특이도는 47.32%로 나타났다. 최적 모형으로 예측한 파일은 'drug_neural_2024_cbr.txt'에 저장된다.

4-3 원데이터와 예측데이터의 출력변수를 활용한 양질의 학습데이터 생성

선정된 최적 모형인 신경망 모형의 평가 결과, 민감도(80.67%)가 특이도(47.32%)보다 매우 높은 것으로 나타났다. 민감도가 특이도보다 상대적으로 높을 경우, 인공지능으로 출력변수를 예측했을 때 위험의 확률이 과다 추정될 수 있다. 따라서 본 연구에서는 실제집단의 출력변수와 예측집단의 출력변수가 동일한 레코드를 추출하고, 더불어 위음성인 레코드(실제집단의 출력변수가 위험인데, 예측집단의 출력변수가 안심인 레코드)를 추출하여 양질의 학습데이터를 생성하였다.

```
> setwd("c:/Drug_AI")
> rm(list=ls( ))
> install.packages('dplyr')
> library(dplyr)
> mydata=read.table('drug_neural_2024_cbr.txt',header=T)
> attach(mydata)
> f1=mydata$Risk_Sentiment
> l1=mydata$p
> mydata1=filter(mydata,f1==l1 | Risk_Sentiment=='Risk' & p=='Non_Risk')
- 위음성(원데이터는 위험인데 예측은 안심으로 측정된 p3)을 학습데이터에 포함
> write.matrix(mydata1,'drug_neural_2024_cbr_sp_ok.txt')
> install.packages('catspec')
> library(catspec)
> mydata1=read.table('drug_neural_2024_cbr_sp_ok.txt',header=T)
- 인공지능 예측모형을 개발하기 위해 출력변수의 변수값을 숫자 형식(0, 1)으로 변경하여 새로운 파일
(drug_neural_2024_cbr_sp_ok_N.txt)을 생성함
> t1=ftable(mydata1[c('Risk_Sentiment')])
> ctab(t1,type=c('n','r'))
> length(mydata1$Risk_Sentiment)
```

```
R Console                                                              [_][□][X]

> setwd("c:/Drug_AI")
> rm(list=ls())
> #install.packages('dplyr')
> #library(dplyr)
> mydata=read.table('drug_neural_2024_cbr.txt',header=T)
> attach(mydata)
The following objects are masked from mydata (pos = 3):

    Amphetamine, Benzodiazepines, Cannabis, Cocaine, Codeine,
    Ecstasy, Hallucinogenics, Heroin, Lysergic_acid_diethylamide,
    Marihuana, Morphine, New_drug, Non_Risk, Opium, p,
    Precursor_chemical, Propofol, Psychotropic_Drugs, Risk,
    Risk_Sentiment, Stimulant

> fl=mydata$Risk_Sentiment
> ll=mydata$p
> mydata1=filter(mydata,fl==ll | Risk_Sentiment=='Risk' & p=='Non_Risk')
> write.matrix(mydata1,'drug_neural_2024_cbr_sp_ok.txt')
> install.packages('catspec')
Installing package into 'C:/Users/AERO/Documents/R/win-library/3.6'
(as 'lib' is unspecified)
Warning message:
package 'catspec' is not available (for R version 3.6.3)
> library(catspec)
> mydata1=read.table('drug_neural_2024_cbr_sp_ok.txt',header=T)
> t1=ftable(mydata1[c('Risk_Sentiment')])
> ctab(t1,type=c('n','r'))
        x Non_Risk      Risk

Count      9177.00 23748.00
Total %      27.87     72.13
> length(mydata1$Risk_Sentiment)
[1] 32925
>
```

해석 Risk_Sentiment의 값과 p의 값이 동일한 레코드와 위음성(원데이터의 출력변수가 위험인데 예측데이터의 출력변수는 안심으로 예측)인 레코드를 추출하여 'drug_neural_2024_cbr_sp_ok.txt' 파일에 저장한다. 신경망 모형을 활용하여 분석한 결과 3만 2,925건의 양질의 학습데이터가 생성되었다.

> setwd("c:/Drug_AI")

> install.packages("nnet"); library(nnet)

> install.packages('MASS'); library(MASS)

> tdata = read.table('drug_neural_2024_cbr_sp_ok.txt',header=T)

> input=read.table('input_drug_2024.txt',header=T,sep=",")

> output=read.table('output_drug_2024.txt',header=T,sep=",")

> input_vars = c(colnames(input))

```
> output_vars = c(colnames(output))
> form = as.formula(paste(paste(output_vars, collapse = '+'),'~',paste(input_
vars, collapse = '+')))
> form
```

```
R Console                                                    _  □  ✕

> ind=sample(2, nrow(tdata), replace=T,prob=c(0.7,0.3))
> tr_data=tdata[ind==1,]
> te_data=tdata[ind==2,]
> tr.nnet = nnet(form, data=tr_data, size=7, itmax=200)
# weights:  134
initial  value 13709.696779
iter  10 value 7872.899790
iter  20 value 6872.925744
iter  30 value 6343.833626
iter  40 value 6182.184610
iter  50 value 6070.466324
iter  60 value 5999.139478
iter  70 value 5978.410124
iter  80 value 5968.820961
iter  90 value 5960.528613
iter 100 value 5957.183535
final  value 5957.183535
stopped after 100 iterations
> p=predict(tr.nnet, te_data, type='class')
> table(te_data$Risk_Sentiment,p)
           p
           Non_Risk Risk
  Non_Risk    2725    11
  Risk        1408  5721
>
> perm_a=function(p1, p2, p3, p4) {pr_a=(p1+p4)/sum(p1, p2, p3, p4)
+      return(pr_a)} # accuracy
> perm_a(2725,11,1408,5721)
[1] 0.8561581
> perm_s=function(p1, p2, p3, p4) {pr_s=p4/(p3+p4)
+      return(pr_s)} # sensitivity
> perm_s(2725,11,1408,5721)
[1] 0.8024968
> perm_sp=function(p1, p2, p3, p4) {pr_sp=p1/(p1+p2)
+      return(pr_sp)} # specificity
> perm_sp(2725,11,1408,5721)
[1] 0.9959795
>
```

해석 양질의 학습데이터를 7:3으로 분할하여 모형 평가를 한 결과, 정확도는 85.62%, 민감도는 80.25%, 특이도는 99.60%로 나타났다.

4-4 머신러닝을 활용한 마약 위험예측 인공지능 개발

앞 절에서 원데이터의 출력변수의 값과 예측데이터의 출력변수의 값이 동일한 레코드와 위음성인 레코드를 추출하여 신경망 모형으로 3만 2,925건의 양질의 학습데이터를 생성하였다. 양질의 학습데이터를 활용한 마약 위험을 예측할 수 있는 인공지능 개발은 다음과 같다.

```
> setwd("c:/Drug_AI")
> library(MASS)
> install.packages('neuralnet')
> library(neuralnet)
> memory.size(220000)
> options(scipen=100)
> tNdata = read.table('drug_neural_2024_cbr_sp_ok_N.txt',header=T)
```
- 인공지능 예측모형을 개발하기 위해 출력변수의 변수값이 숫자 형식(0, 1)으로 변경된 파일(drug_neural_2024_cbr_sp_ok_N.txt)을 사용함
```
> input=read.table('input_drug_2024.txt',header=T,sep=",")
> output=read.table('output_drug_2024.txt',header=T,sep=",")
> p_output=read.table('p_output_AI_neuralnet.txt',header=T,sep=",")
> input_vars = c(colnames(input))
> output_vars = c(colnames(output))
> p_output_vars = c(colnames(p_output))
> form = as.formula(paste(paste(output_vars, collapse = '+'),'~',paste(input_vars, collapse = '+')))
> form
> tdata.rf_N = neuralnet(form, tNdata, hidden=c(5,3),lifesign = "minimal",linear.output = FALSE, threshold = 0.1,stepmax=1e7)
```
- tNdata 데이터셋으로 2개의 은닉층에 15(5×3)개의 은닉노드를 가진 신경망 모형을 실행해 인공지능(분류기, 모형함수)을 만듦
```
> plot(tdata.rf_N, radius=0.15, arrow.length=0.15,fontsize=12)
> pred = tdata.rf_N$net.result[[1]]
> dimnames(pred)=list(NULL,c(p_output_vars))
> summary(pred)
```

```
> pred_obs = cbind(tNdata, pred)
```

```
> write.matrix(pred_obs,'drug_AI_sp_neuralnet.txt')
```

```
> mydata = read.table('drug_AI_sp_neuralnet.txt',header=T)
```

```
> mean(mydata$p_Risk)
```

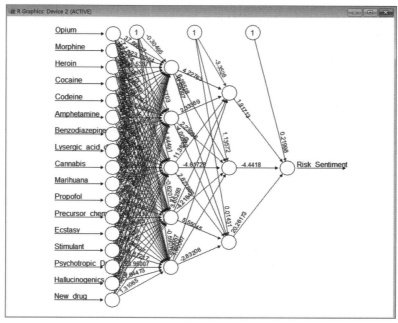

```
R R Console                                              [-] [□] [✕]

> pred = tdata.rf_N$net.result[[1]]
> dimnames(pred)=list(NULL,c(p_output_vars))
> summary(pred)
 p_Risk_Sentiment
 Min.    :0.01617
 1st Qu.:0.36336
 Median :0.99916
 Mean    :0.72212
 3rd Qu.:0.99965
 Max.    :1.00000
> pred_obs = cbind(tNdata, pred)
> write.matrix(pred_obs,'drug_AI_sp_neuralnet.txt')
> mydata = read.table('drug_AI_sp_neuralnet.txt',header=T)
> mean(mydata$p_Risk)
[1] 0.7221184
> |
```

해석 양질의 학습데이터로 신경망 모형을 예측한 결과, 위험률은 72.21%로 나타났다.

ROC curve

> setwd("c:/Drug_AI")

> install.packages('ROCR')

> library(ROCR)

> par(mfrow=c(1,1))

> pred_obs = read.table('drug_AI_sp_neuralnet.txt',header=T)

> PO_c=prediction(pred_obs$p_Risk, pred_obs$Risk)

> PO_cf=performance(PO_c, "tpr", "fpr")

> auc_PO=performance(PO_c,measure="auc")

> auc_neural=auc_PO@y.values

> auc_neural=sprintf('%.2f',auc_neural)

> plot(PO_cf,main='ROC curve for Drug Risk Prediction Neuralnet Model')

> legend('bottomright',legend=c('AUC=',auc_neural))

> abline(a=0, b= 1)

```
R R Console                                                    [ - ] [ □ ] [ X ]

> setwd("c:/Drug_AI")
> install.packages('ROCR')
Installing package into 'C:/Users/AERO/Documents/R/win-library/3.6'
(as 'lib' is unspecified)
trying URL 'https://cloud.r-project.org/bin/windows/contrib/3.6/ROCR_1.0-11.zip'
Content type 'application/zip' length 405687 bytes (396 KB)
downloaded 396 KB

package 'ROCR' successfully unpacked and MD5 sums checked

The downloaded binary packages are in
        C:\Users\AERO\AppData\Local\Temp\Rtmp026GNS\downloaded_packages
> library(ROCR)

Attaching package: 'ROCR'

The following object is masked from 'package:neuralnet':

    prediction

> par(mfrow=c(1,1))
> pred_obs = read.table('drug_AI_sp_neuralnet.txt',header=T)
> PO_c=prediction(pred_obs$p_Risk, pred_obs$Risk)
> PO_cf=performance(PO_c, "tpr", "fpr")
> auc_PO=performance(PO_c,measure="auc")
> auc_neural=auc_PO@y.values
> auc_neural=sprintf('%.2f',auc_neural)
> plot(PO_cf,main='ROC curve for Drug Risk Prediction Neuralnet Model')
> legend('bottomright',legend=c('AUC=',auc_neural))
> abline(a=0, b= 1)
> |
```

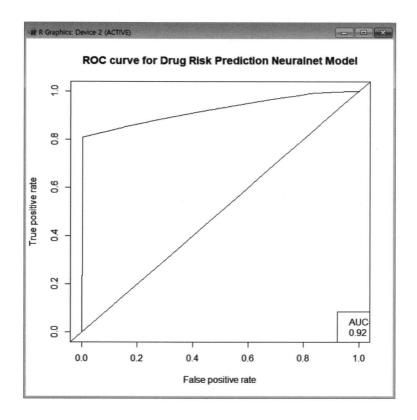

```
## newdata prediction
> newdata = read.table('new_drug_10_2024.txt',header=T)
> drug_prob=predict(tdata.rf_N, newdata)
> pred_obs = cbind(newdata,drug_prob)
> write.matrix(pred_obs,'newdata_drug_neural_10.txt')
> pred_obs
> m_drug_prob=mean(drug_prob)*100
> m_drug_prob_p=sprintf('%.2f',m_drug_prob)
> cat('시간대별 마약 정보확산 위험률 =',m_drug_prob_p,'%','\n')
```

해석 양질의 학습데이터로 신경망 모형을 예측한 결과, 10개의 new data(출력변수의 값: NO)에 대한 시간대별 마약 정보확산 평균 위험률은 63.89%로 나타났다.

4-5 입력변수가 출력변수에 미치는 영향력 산출

랜덤포레스트 모형에서 각각의 입력변수의 정확도를 측정하여 출력변수에 미치는 영향력을 산출하면 다음과 같다.

```
> install.packages("randomForest")
> library(randomForest)
> rm(list=ls( ))
> library(MASS)
```

```
> memory.size(22000)

> setwd("c:/Drug_AI")

> tdata = read.table('drug_neural_2024_cbr_sp_ok_N.txt',header=T)

> input=read.table('input_drug_2024.txt',header=T,sep=",")

> output=read.table('output_drug_2024.txt',header=T,sep=",")

> input_vars = c(colnames(input))

> output_vars = c(colnames(output))

> form = as.formula(paste(paste(output_vars, collapse = '+'),'~',paste(input_
vars, collapse = '+')))

> form

> tdata.rf = randomForest(form, data=tdata, forest=FALSE,importance=TRUE)

> importance(tdata.rf)

> weight=importance(tdata.rf)

> write.matrix(weight,'drug_randomforest_weight_2024.txt')

> weight_inc=read.table('drug_randomforest_weight_2024.txt',header=T)

> input_variable=read.table('inputvariable_randomforest.txt',header=T)

> weight_varinc=cbind(input_variable,weight_inc)

> inc_sum=sum(weight_varinc$X.IncMSE)

> inc_sum

> zweight=weight_inc$X.IncMSE/inc_sum

> zweight_t=cbind(weight_varinc,zweight)

> varImpPlot(tdata.rf, main='Random forest importance plot')

> pred=predict(tdata.rf,tdata)

> weight_variable=zweight*mean(pred)

> sum(weight_variable)

> last_weight=cbind(zweight_t,weight_variable)

> last_weight

> sum(weight_variable)

> write.matrix(last_weight,'drug_randomforest_weight_last_2024.txt')
```

```
R Console                                                                   [_][□][✕]

> install.packages("randomForest")
Installing package into 'C:/Users/AERO/Documents/R/win-library/3.6'
(as 'lib' is unspecified)
Warning message:
package 'randomForest' is not available (for R version 3.6.3)
> library(randomForest)
> rm(list=ls())
> library(MASS)
> memory.size(22000)
[1] 65357.46
Warning message:
In memory.size(22000) : cannot decrease memory limit: ignored
> setwd("c:/Drug_AI")
> tdata = read.table('drug_neural_2024_cbr_sp_ok_N.txt',header=T)
> input=read.table('input_drug_2024.txt',header=T,sep=",")
Warning message:
In read.table("input_drug_2024.txt", header = T, sep = ",") :
  incomplete final line found by readTableHeader on 'input_drug_2024.txt'
> output=read.table('output_drug_2024.txt',header=T,sep=",")
Warning message:
In read.table("output_drug_2024.txt", header = T, sep = ",") :
  incomplete final line found by readTableHeader on 'output_drug_2024.txt'
> input_vars = c(colnames(input))
> output_vars = c(colnames(output))
> form = as.formula(paste(paste(output_vars, collapse = '+'),'~',
+ paste(input_vars, collapse = '+')))
> form
Risk_Sentiment ~ Opium + Morphine + Heroin + Cocaine + Codeine +
    Amphetamine + Benzodiazepines + Lysergic_acid_diethylamide +
    Cannabis + Marihuana + Propofol + Precursor_chemical + Ecstasy +
    Stimulant + Psychotropic_Drugs + Hallucinogenics + New_drug
> |
```

```
R Console                                                                   [_][□][✕]

> tdata.rf = randomForest(form, data=tdata ,forest=FALSE,importance=TRUE)
Warning message:
In randomForest.default(m, y, ...) :
  The response has five or fewer unique values.  Are you sure you want to do regressio$
> importance(tdata.rf)
                            %IncMSE IncNodePurity
Opium                       42.56785     298.42313
Morphine                    27.28030      17.91578
Heroin                      28.64142      76.44398
Cocaine                     56.93671     248.50274
Codeine                     29.28673      52.22063
Amphetamine                 38.85056     155.82366
Benzodiazepines             39.86786     242.03891
Lysergic_acid_diethylamide  22.13009      30.85675
Cannabis                    36.63092     581.92858
Marihuana                   37.52289     151.35652
Propofol                    52.93086     197.19539
Precursor_chemical          29.39694     108.31416
Ecstasy                     36.04591     106.04671
Stimulant                   34.09804     240.45500
Psychotropic_Drugs          44.71310     358.88577
Hallucinogenics             36.69212     172.33261
New_drug                    29.90462     345.95105
> |
```

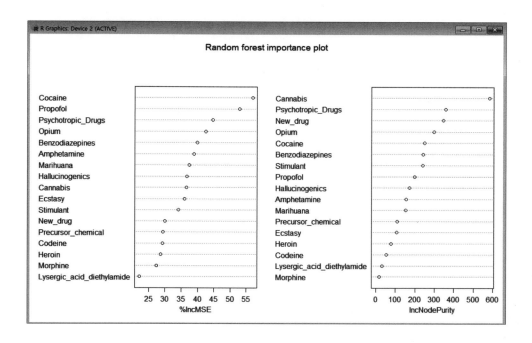

Random forest importance plot

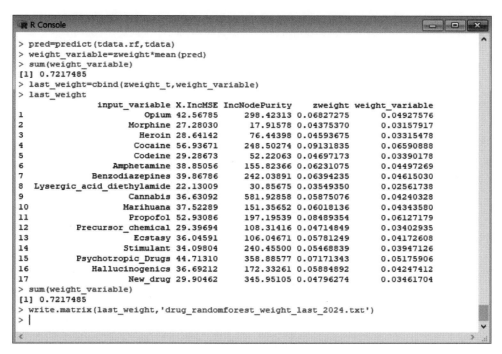

해석 출력변수의 평균 위험 예측확률(72.17%)에 각각의 입력변수의 영향력은 Cocaine(6.59%), Propofol(6.13%), Psychotropic_Drugs(5.18%), Opium(4.93%), Benzodiazepines(4.62%), Amphetamine(4.50%) 등의 순으로 나타났다.

참고문헌

김미곤·이태진·송태민·우선희·김성아 (2018). "2018년 사회보장 대국민 인식조사 연구." 보건복지부·한국보건사회연구원.

대검찰청 (2022). 〈2022년 마약류범죄백서〉.

박찬국·김현제 (2015). "사물인터넷을 통한 에너지 신산업 발전방향 연구 – 텍스트마이닝을 이용한 미래 신호 탐색." 에너지경제연구원.

법무부 보도자료 (2022.10.13). "마약범죄 및 중요 민생침해범죄에 대한 엄정 대응 지시."

법무연수원 (2022). 〈2022년 범죄백서〉.

송주영·송태민 (2018). 《빅데이터를 활용한 범죄예측》. 황소걸음 아카데미.

송태민·송주영 (2016). "소셜 빅데이터 기반 보건복지 정책 미래신호 예측." 〈보건정보통계학회지〉, 41(4), 417-427.

송태민·송주영 (2017). 《머신러닝을 활용한 소셜 빅데이터 분석과 미래신호예측》. 한나래 아카데미.

송태민·서연정·한윤선 (2023). "소셜빅데이터를 활용한 청소년비행 미래신호: 원인과 유형을 중심으로." 〈청소년복지연구〉, 제25권 제2호, 1-28.

식품의약품안전처 (2022). 〈2022년 마약류 오남용 폐해에 대한 국민인식도 조사 결과보고서〉.

양혜정·김채윤 (2022). "미국의 청소년 마약류 사용 대응 정책 고찰을 통한 국내 정책의 시사점." 〈한국중독범죄학회회보〉, 제12권 4호, 127-145.

정근하 (2010). "텍스트마이닝과 네트워크분석을 활용한 미래예측 방법 연구." 한국과학기술기획평가원.

케빈 머피 지음, 노영찬·김기성 옮김 (2017). 《Machine Learning》. 에이콘.

Abou-Ismail A. (2020). Compartmental Models of the COVID-19 Pandemic for Physicians and Physician-Scientists. *SN Compr Clin Med*, 1-7.

Agrawal, R & Srikant, R. (1994). Fast algorithms for mining association rules. Proceedings of the 20th International Conference on Very Large Data Bases, *VLDB*, pages 487-499, Santiago, Chile, September 1994.

Ansoff, H. I. (1975). Managing strategic surprise by response to weak signals. *Californian Management Review*, 18(2), 21–33.

Berk, R. A., & Bleich, J. (2014). Forecasts of violence to inform sentencing decisions. *Journal of Quantitative Criminology*, 30, 79–96.

Borum, R., Bartel, P., & Forth, A. (2000). Manual for the Structured Assessment for Violence Risk in Youth (SAVRY): Consultation Edition. Tampa, FL: Louis de la Parte Florida Mental Health Institute, University of South Florida.

Breiman, L. (1996). Bagging predictors. *Machine Learning*, 26, 123–140.

Breiman, L. (2001). Random forest. *Machine learning*, 45(1), 5–32.

Carfi A, Bernabei R, Landi F, & Group ftGAC-P-ACS. (2020). Persistent Symptoms in Patients After Acute COVID-19. *JAMA*, 324(6), 603–605.

Central Disaster and Safety Countermeasure Headquarters of the Republic of Korea. Rules and guidelines for distancing in daily life to control coronavirus disease 2019 in Korea: 3rd version, announced on July 3, 2020. *J Educ Eval Health Prof*, 2020, 17:20–. Epub 2020/07/13.

Chen N, Zhou M, Dong X, et al. (2020). Epidemiological and clinical characteristics of 99 cases of 2019 novel coronavirus pneumonia in Wuhan, China: a descriptive study. *The Lancet*, 395(10223), 507–513.

Choi JY. (2020). COVID-19 in South Korea. *Postgrad Med J*, 96(1137), 399–402.

Christensen DM, Strange JE, Gislason G, Torp-Pedersen C, Gerds T, Fosbøl E, & Phelps M. (2020). Charlson Comorbidity Index Score and Risk of Severe Outcome and Death in Danish COVID-19 Patients. *J Gen Intern Med*, 1–3.

Cortes, C., & Vapnik, V. (1995). Support-vector networks. *machine Learning*, 20, 273–297.

David E. Rumelhart, Geoffrey E. Hinton, & Ronald J. Williams. (1986). Learning representations by back-propagating errors. *Nature*, 323, 533–536.

Duwe, G., & Kim, K. (2017). Out with the old and in with the new? An empirical comparison of supervised learning algorithms to predict recidivism. *Criminal Justice Policy Review*, 28(6), 570–600.

Greinera M., Pfeifferb, D., & Smith RD. (2000). Principles and practical application of the receiver-operating characteristic analysis for diagnostic tests. *J Preventive Veterinary Medicine*, 45(1–2), 23–41.

Guan WJ, Liang WH, Zhao Y, et al. (2020). Comorbidity and its impact on 1590 patients with COVID-19 in China: a nationwide analysis. *Eur Respir J*, 55(5). Epub 2020/03/29.

Guan W-j, Ni Z-y, Hu Y, et al. (2020). Clinical Characteristics of Coronavirus Disease 2019 in China. *New England Journal of Medicine*, 382(18), 1708-1720.

Hand, D., Mannila, H., & Smyth P. (2001). *Principles of Data Mining*. The MIT Press, Cambridge, ML.

Hassouna, M., Tarhini, A., & Elyas, T. (2015). Customer Churn in Mobile Markets: A Comparison of Techniques. *International Business Research*, Vol 8(6), 224-237.

Hiltunen, E. (2008). The future sign and its three dimensions. *Futures*, 40(3), 247-260.

Holopainen, M., & Toivonen, M. (2012). Weak signals: Ansoff today. *Futures*, 44(3), 198-205.

Howell, J. C. (2003). *Preventing & Reducing Juvenile Delinquency: A Comprehensive Framework*. Sage Publications.

Ji W, Huh K, Kang M, et al. (2020). Effect of Underlying Comorbidities on the Infection and Severity of COVID-19 in Korea: a Nationwide Case-Control Study. *J Korean Med Sci*, 35(25), e237-e.

Jin JH & Oh MA. (2013). Data Analysis of Hospitalization of Patients with Automobile Insurance and Health Insurance: A Report on the Patient Survey. *Journal of the Korea Data Analysis Society*, 15(5B), 2457-2469.

Kim HY, Park HA, Min YH, & Jeon E. (2013). Development of an obesity management ontology based on the nursing process for the mobile-device domain. *J Med Internet Res*, 15(6), e130.doi: 10.2196/jmir.2512.

Lee JM & Cho YH. (2017). A Study on the Risk Factors of recidivism of male juvenile: Study for J-DRAI and A treatment plan. 2017 Korea Prospecting Society Spring Conference. 7-37.

Liu PL. (2020). COVID-19 Information Seeking on Digital Media and Preventive Behaviors: The Mediation Role of Worry. *Cyberpsychology, Behavior, and Social Networking*, 23(10), 677-682.

Lodewijks, H. P. B., de Ruiter, C., & Doreleijers, T. A. H. (2010). The impact of protective factors in desistance from violent reoffending: A study in three samples of adolescent offenders. *Journal of Interpersonal Violence*, 25(3), 568-587.

Lodewijks, H. P. B., Doreleijers, T. A. H., & de Ruiter, C. (2008). SAVRY risk assessment in violent dutch adolescents. *Criminal justice and behavior*, 35(6), 696–709.

Minsky, M., & Papert, S. (1969). *Perceptrons*. MIT Press, Cambridge.

Mitchell, Tom. M. (1997). *Machine Learning*. New York: McGraw–Hill, 59.

Mulder, E., Brand, E., Bullens, R., & Marle, H. V. (2010). A classification of risk factors in serious juvenile offenders and the relation between patterns of risk factors and recidivism. *Criminal Behaviour and Mental Health*, 20(1), 23–38.

Newbold SC, Finnoff D, Thunström L, Ashworth M, & Shogren JF. (2020). Effects of Physical Distancing to Control COVID–19 on Public Health, the Economy, and the Environment. *Environmental and Resource Economics*, 76(4), 705–729.

Noh JY, Seong H, Yoon JG, Song JY, Cheong HJ, & Kim WJ. (2020). Social Distancing against COVID–19: Implication for the Control of Influenza. *J Korean Med Sci*, 35(19).

Pan L, Mu M, Yang P, et al. (2020). Clinical Characteristics of COVID–19 Patients With Digestive Symptoms in Hubei, China: A Descriptive, Cross–Sectional, Multicenter Study. *Am J Gastroenterol*, 115(5), 766–773.

Park SY. (2015). Impact of High Risk Situations and Crime Opportunities on Juvenile Delinquencies: Focusing on Crime Types. correction discourse, *Asian Forum for Corrections*, 9(2), 79–108.

Park, HC. (2013). Proposition of causal association rule thresholds. *Journal of the Korean Data & Information Science Society*, 24(6), 1189–1197.

Per Block MH, Isabel J. Raabe, Jennifer Beam Dowd, Charles Rahal, Ridhi Kashyap & Melinda C. (2020). Mills Social network–based distancing strategies to flatten the COVID–19 curve in a post–lockdown world. *nature human behaviour*, 2020, 588–596.

Perrault, R. T., Paiva–Salisbury, M. P. & Vincent, G. M. (2012). Probation Officers' Perceptions of Youths' Risk of Reoffending and Use of Risk Assessment in Case Management. *Behavioral Sciences and the Law*, 30(4), 487–505.

Resnick, M. D., Ireland, M., & Borowski, I. (2004). Youth violence perpetration: What protects? What predicts? Findings from the National Longitudinal Study of Adolescent Health. *Journal of Adolescent Health*, 35(5), 424.e1–424.e10.

Salathé M, Kazandjieva M, Lee JW, Levis P, Feldman MW, & Jones JH. (2010). A high-resolution human contact network for infectious disease transmission. *Proceedings of the National Academy of Sciences*, 107(51), 22020–22025.

Shepherd, S. M., Luebbers, S., Ogloff, J. R. P., Fullam, R., & Dolan, M. (2014). The Predictive Validity of Risk Assessment Approaches for Young Australian Offenders. *Psychiatry, Psychology and Law*, 21(5), 801–817.

Siedner MJ, Harling G, Reynolds Z, et al. (2020). Social distancing to slow the US COVID-19 epidemic: Longitudinal pretest–posttest comparison group study. *PLOS Medicine*, 17(8), e1003244.

Song JY & Han YS. (2014). Risk predicting of crime continuation in South Korean male adolescents : Application of data-mining decision tree model. *Korean criminological review*, 25(2), 239–260.

Song JY, Jin DL, Song TM, & Lee SH. (2023). Exploring Future Signals of COVID-19 and Response to Information Diffusion Using Social Media Big Data. *Int. J. Environ. Res. Public Health*, 20, 5753. https://doi.org/10.3390/ijerph20095753

Song JY, Song TM, Seo DC, Jin DL, & Kim JS. (2017). Social Big Data Analysis of Information Spread and Perceived Infection Risk During the 2015 Middle East Respiratory Syndrome Outbreak in South Korea. *Cyberpsychology, Behavior, and Social Networking*, 20(1), 22–29. Epub 2017/01/05.

Spärck Jones, K. (1972). A Statistical Interpretation of Term Specificity and Its Application in Retrieval. *Journal of Documentation*, 28, 11–21. doi:10.1108/eb026526.

Supreme Prpsecutors᾽ Office (2022). 2022 Analytical Statistics on Crime.

Tasnim S, Hossain MM, & Mazumder H. (2020). Impact of Rumors and Misinformation on COVID-19 in Social Media. *J Prev Med Public Health*, 53(3), 171–174.

The Harvard Gazette. Battling the ῾pandemic of misinformation.᾽ May 8, 2020 (accessed July 2, 2020). https://news.harvard.edu/gazette/story/2020/05/social-media-used-to-spread-create-covid-19-falsehoods/

Thornberry, T. P. (Ed.). (1997). *Developmental Theories of Crime and Delinquency*. Advances in Criminoloical Theory 7. Routledge.

Tian S, Hu N, Lou J, et al. (2020). Characteristics of COVID-19 infection in Beijing. *J Infect*, 80(4), 401–6. Epub 2020/03/01.

Tuli S, Tuli R, & Gill SS. (2020). Predicting the growth and trend of COVID-19 pandemic using machine learning and cloud computing. *Internet of Things*, 11, 100222.

U.S.EPS. "Guidelines for developing an air quality (Ozone and PM2.5) forecasting program," 2003, E PA -456/R-03-002.

Vincent, G. M., Paiva-Salisbury, M. L., Cook, N. E., Guy, L S., & Perrault, R. T., (2012). Impact of Risk/Needs Assessment on Juvenile Probation Officers' Decision Making. *Psychology, Public Policy, and Law*, 18(4), 549-576.

Whou, J., Witt, K., Cao, X., Chen, C., & Wang, X. (2017). Predicting Reoffending Using the Structured Assessment of Violence Risk in Youth(SAVRY): A 5-Year Follow-Up Study of Male Juvenile Offenders in Hunan Province, China. *PLoS One*, 12(1), 1177-1199.

World Health Organization. Coronavirus. www.who.int/health-topics/coronavirus#tab=tab 1 (accessed Aug 12, 2020).

Yoon, J. (2012). Detecting weak signals for long-term business opportunities using text mining of Web news. *Journal Expert Systems with Applications*, 39(16), 12543-12550.

Zeroual A, Harrou F, Dairi A, & Sun Y. (2020). Deep learning methods for forecasting COVID-19 time-Series data: A Comparative study. *Chaos Solitons Fractals*, 140, 110121.

Zhao D, Sun J, Tan Y, Wu J, & Dou Y. (2018). An extended SEIR model considering homepage effect for the information propagation of online social networks. *Physica A: Statistical Mechanics and its Applications*. 512, 1019-1031.

Zhou, J., Witt, K., Cao, X, Chen, C., & Wang, X. (2017). Predicting Reoffending Using the Structured Assessment of Violence Risk in Youth (SAVRY): A 5-Year Follow-Up Study of Male Juvenile Offenders in Hunan Province, China. *PLoS One*, 12(1), e0169251.

찾아보기